自動運転でGO!

クルマの新時代がやってくる

桃田健史

マイナビ新書

プロローグ

相次ぐ高齢ドライバー事故で、自動運転が話題に

「高速道路で反対車線を20キロも逆走」
「ブレーキとアクセルの踏み間違いで軽自動車が壁に突っ込む」
「駐車場の料金支払機を使用中、手が届かず身体を伸ばしたら、アクセルを思い切り踏み込んで事故を起こした」

高齢ドライバーによる、こうした重大な事故が最近、立て続けに発生しています。その背景には〝高齢化による社会の大きな変化〟があります。

実は、交通事故死者数は過去数年間で減少傾向にあります。２０１６年は３９０４人でしたが、最悪期だった１９７０年の年間１万６７６５人と比べると約４分の１、また15年前と比べると約２分の１と大幅に減っています。

ところが、交通事故の発生状況を見てみると、75歳以上の高齢ドライバーによる交通事故件数だけ増加しています。死亡事故件数全体に対する比率では、過去10年間で1・7倍に増えています。そのため、高齢ドライバーの事故が目立つ印象があるのです。

一方で、高齢ドライバーの免許保有者数も過去15年間で倍増しています。75歳以上では約163万人に達し、その数は当面の間増え続けることが確実です。こうして高齢ドライバーの絶対数が増える中、事故を起こす可能性が必然的に高まっているのです。

このような社会情勢の変化が起こっている中で、「車の最新技術を使って、高齢ドライバーの事故を軽減してほしい」という声が社会の中から高まっています。その筆頭として、メディアで名前が挙がるのが〝自動運転〟です。

最近では、いわゆる自動ブレーキと呼ばれる、衝突被害軽減ブレーキを装着する新車が増えています。以前は高級車向けが主流でしたが、最近では新車価格が100万円程度の軽自動車でも自動ブレーキが標準装備されるようになりました。

自動ブレーキ以外では、アクセルとブレーキの踏み間違え防止装置の普及も進んでいます。例えば、コンビニの駐車場に車の前方から駐車した場合、発進する時に誤ってアクセルを大きく踏み込んでも前方を見るカメラやレーダーが壁などの障害物を検知します。どんなにアクセルを踏んでも、エンジンの回転数が上がらず、駐車場の車止めを乗り越える心配がありません。

また、運転者がいなくても走行が可能な、〝完全自動運転〟も高齢者にとっての日常の足になるのではないかと期待されています。すでにアメリカのグーグルや、日本のスマホゲーム会社のディー・エヌ・エー（DeNA）などのＩＴ系企業が、〝ロボットタクシー〟というビジネスの早期実施を計画しています。

「かなり遠い未来の話」だと思っていたのに……

自動運転、という言葉は、ずいぶん前からテレビや映画のなかで普通に使われてきました。その多くは、「かなり遠い未来」を想定した空想の世界でのお話です。古くは、英国の特撮テレビ番組やスパイ映画などに登場しました。近年でも、SF映画やテレビの特撮ヒーロー番組で、当たり前の存在のように扱われていま す。あるいは、ロボットや人工知能と絡めて扱われることもあります。

ところが、現実に自動運転の機能を搭載した車が街中を走る、という点について、日本のみならず世界中の誰もが大きな疑問を持っていました。なぜなら、「絶対に事故を起こさないなんて保証はない」、または「道路交通法の整備には物凄い時間がかかるはずだ」といった、現実社会で想定される問題点を思い浮かべる人が多いからです。

仮に実用化されたとしても「ロールスロイス、ベントレー、メルセデスベンツ、そしてBMWなどの高級車は採用するかもしれないけど、我々のような一般人には当分、関係のない話でしょ」、または「酔っ払っても、ボタンひとつで自宅まで送り届けてくれれば、そりゃありがたいけど。すぐに実現するとは思えないな」といった、少し冷めた目でみるようなスタンスで自動運転を考える人が多かったと思います。

そうした状況の中で、高齢ドライバー問題が、日本が直面する重大な社会課題として浮上したいま「実現可能なところから、自動運転を早期に使うことを検討するべきではないか」という声が一般の人からも出てくるようになりました。「かなり遠い未来の話」だった自動運転がここへきて、一気に現実味を帯びてきたのです。これを受けて、日本では政府や自動車メーカーが自動運転に対する法整備や早期の量産化への対応をスピードアップしています。

ただし、こうした動きにおいて、高齢ドライバー問題は「大きなキッカケのひとつ」に過ぎません。世界に目を向けると、さまざまな思惑が蠢《うごめ》くなかで、自動運転関連ビジネスの主導権を握ろうと、欧米の大手自動車メーカーや大手ＩＴ企業などが凌《しの》ぎを削っているのです。

２０２０年代、自動運転はあなたにとって身近な存在に

あったらいいな。あったら、きっと便利だろうな。

自動運転について、一般的にはまだまだ「夢の話」というイメージが強いと思います。

その一方で、テレビやインターネット上では、２０２０年の東京オリンピック・パラリンピックまでに自動運転が本格的に普及する、といった報道をよく聞きます。

自動運転は現時点で、実用化できる見込みはどの程度なのか。具体的にどのような技術なのか。世界的に見て、日本の自動車メーカーの自動運転の技術は進ん

でいるのか。普段の生活のなかで、いつどのようにして自動運転が絡んでくるのか。そして、もしも自動運転で事故が起きた時、それは誰の責任になるのか。

こうした疑問の答えを知るためには、いまこそ、自動運転の現状とこれから、さらには歴史も含めて総括的な情報が必要だと考えます。

私は、これまで30年以上にわたって自動車産業と付き合ってきました。かつてはレーシングドライバーとして、また新車や新しい自動車部品の開発を手助けする役として、そしてジャーナリストとして世界各地でさまざまな自動車に関わってきました。

自動運転については、大学などの研究機関、バッテリーやエネルギー関連を含めた各種の学会やシンポジウム、自動車メーカーの先行開発部署、そしてシリコンバレーやイスラエルなどのＩＴ系企業など、さまざまな現場で自動運転の普及に向けて努力している人たちと直接話をしてきました。

こうした実体験をもとに、本書では、自動運転が社会にとって、そして私たちひとりひとりにとって、どのようなメリットがあるのかということを、皆さんと一緒に考えていきたいと思います。

自動運転でGO!

クルマの新時代がやってくる

目次

第3章 完全自動運転と運転補助の違い

第4章 乗り越えなければならない多くの課題

第６章　所有から共有へ～自動運転で人と車の関係が変わる

第7章　2025年までに実現するさまざまな自動運転

第1章

自動運転激動期へ突入した世界

「3つの王道」の中で交通事故削減が最重要

世界の自動車メーカーや各国の政府が、自動運転の普及を進める際に、必ず使う「3つの王道」があります。

①交通事故の削減、②環境負荷の低減、そして、③渋滞緩和による経済活動の効率化、の3つです。これらの中で、最も重要な課題は、①交通事故の削減です。理想的には交通事故ゼロを目指す、という考え方です。

世界保健機関（WHO）が2015年にまとめた報告書によると、世界全体での交通事故死亡者の数は年間で約125万人にも及びます。日本で考えると、埼玉県さいたま市や広島県広島市それぞれの人口に匹敵するほどの大きな規模です。

国別で見ると、交通事故死亡者数が最も多いのはインドで、年間13万7572人。2番目に多い中国の6万2945人と比べて2倍以上という深刻な状況です。3番目以下は、ブラジル、アメリカ、ロシア、インドネシア、イラン、メキシコ、南アフリカ、タイと続きます。

また、人口10万人あたりの交通事故死亡者数では、リビア、タイ、マラウイ、リベリア、コンゴ民主共和国、タンザニア、中央アフリカ、イラン、ルワンダ、モザンビークなど、タイ以外ではアフリカと中東の紛争地域が上位を占めています。

こうした交通事故の発生要因を見てみると、世界全体では、車の運転によるものが31％と最も多く、自動二輪車または自動三輪車の運転が23％、歩行者が22％、自転車は意外と少なく4％、残りはその他として分類されています。

また、各国の行政機関などの調査では、車による事故の原因はドライバーの運転ミスが9割を占めると言われています。

よって、こうした数字から理論上、自動運転の機能が完璧な状態で作動すれば、世界の交通死亡者125万人のうち、30万人強のドライバーの命が救えることになります。当然、歩行者の死亡事故も大幅に軽減できるため、交通死亡者の数は大幅に少なくなるはずです。

日本においては、2016年の交通事故死亡者の数は前年から213人減って3904人です。ここ数年はなかなか4000人の壁を切ることができませんでしたが、再び減少の傾向が見えてきたことは喜ばしいことです。ただし、過去数十年での推移を見ると、下げ止まりの傾向が明らかになっています。

こうした事態を受けて、政府は2016年3月に決定した第10次交通安全基本計画の中で、2020年までに交通事故死者数を2500人以下にするという目標を設定しました。交通安全基本計画は、日本の交通事故発生件数がピークだった1970年に制定され、その後は5カ年ごとに改定されてきました。

この2500人以下という達成目標をクリアするための「ひとつの手段」として、政府は自動運転の普及を推進しています。

東名高速や首都高速で無人トラックのカルガモ走行

大型の長距離トラックが3台、車間距離は1～2メートルと超接近状態で走る。まるで、トラック3台が列車のように連結しているように見える。

しかも、先頭のトラック以外の後方2台には、運転席に誰も乗っていない――

なんと、こうした光景が2017年から、東名高速・新東名高速・常磐自動車道、そして首都高速で実際に見られるようになります。

これは、経済産業省が行う「トラックの隊列走行の社会実装に向けた実証」です。実際に使用するのは、日本の商用車としては最大級となる25トンのカーゴ型トラック。それぞれのトラックはカメラやレーダーなどを使った「電子的な連結」をして走行します。英語では、こうしたカルガモ走行を「プラトゥーニング」と呼びます。

この実証実験には、さまざまな目的があります。まず、社会問題となっている長距離ドライバー不足の解消です。トラックドライバーは長時間労働であり、最近では運行状況を車載コンピュータで記録されるため、運転中の精神的なプレッシャーも大きくなっています。

また、トラック事業者は燃料代など経費の管理が年々厳しくなり、その影響はトラックドライバーの給与に直接及びます。こうした厳しい状況によって、トラックドライバーのなり手が年々少なくなっています。

第二の目的は、CO_2排出量の削減です。つまり、燃費が良くなるということです。カルガモ走行しているそれぞれのトラックは、それぞれがほとんど同じ速度で走行し、またそれぞれのトラックが周囲の状況をセンサーでモニタリングしているため、無駄な加速や減速をしません。また、空気力学の上でも燃費が向上します。

F1など自動車レースの世界でも、前車に接近して走行すると、空気の流れが変わり、後続車の燃費が向上します。レース用語ではこれを「スリップストリーム」、または「ドラフティング」と呼びます。その論理を長距離トラックで用いるということです。

そして当然ですが、運転の安全性にも大きく役立ちます。長距離トラックは深夜に走行することも多く、トラックドライバーは睡魔と戦いながら安全運転に努めています。カルガモ走行のみならず、自動運転は単独走行での運転を補助することで、ドライバーの運転に対する体力と精神的な負担が大幅に軽減できます。

実は、日本ではすでに、産学官連携のプロジェクトによって、大型トラックのカルガモ走行を国の関連機関が所有するテストコース内で行うことに成功しています。2017年からの高速道路での実証実験は、これまでの実験データを最大限に活用して行われるため、走行の安全性が高いと考えられます。

電撃発表！　ホンダがグーグルと自動運転技術で提携

2016年も押し迫った頃、自動車業界関係者がビックリする出来事がありました。ホンダがアメリカのベンチャー企業「ウェイモ（Waymo）」と自動運転の技術開発での連携を検討する、と発表したのです。

ウェイモは、グーグルの親会社アルファベットから独立した、自動運転の開発に特化した企業です。２０１６年12月中旬の会社の設立発表の1週間後に、ホンダとの電撃婚約を発表したのです。

この話のキモは、完全自動運転です。これは「ドライバーレス（無人走行）」を理想とする究極の自動運転システムです。

ホンダはこれまで、完全自動運転について、対外的には「石橋の上を叩いて渡る」ような極めて慎重な姿勢をとってきました。一方のグーグルは、２００９年から社内の極秘プロジェクト「グーグルX（現在のX）」で、完全自動運転の実用化を目指してきました。いったい、ホンダに何が起こったのでしょうか。

実は、私はこの発表の数週間前、都内でホンダの開発部門の幹部らと、非公式な形で自動車産業の未来についての意見交換をしました。その際、ホンダ側からは

「いま、自動車産業界が巨大な変革期に突入していることは十分に認識しています。（そうした荒波を乗り越えるために）これまでのホンダでは考えられないような、大きな変革に向かって積極的に、しかも短期間に挑戦します」という意気込みを聞きました。

またその場では、「自前主義の見直し」という言葉も出ており、ウェイモとの連携検討についても、そうしたホンダの新戦略の一環なのだと考えられます。

ホンダは自動運転技術を使った新しい技術開発に対応するため、２０１６年４月に新しいテストコース「栃木プルービンググラウンド」（栃木県さくら市）をオープンしました。この周辺には、ホンダの技術開発を行う、本田技術研究所の四輪Ｒ＆Ｄセンターがあります。

２０１６年７月に、私はこの新テストコースで、ホンダが現在発売している先進的な運転支援システム「ホンダセンシング」の最新版を装着したさまざまな車に試乗しました。

その時は、ホンダのエンジニアらは「完全自動運転の早期の量産化について、現時点では考えていない」と言っていました。ただし、その数週間後に米サンフランシスコでアメリカ政府系の団体が開催した「自動運転シンポジウム」で同席したホンダ関係者は、アメリカで急激に進む自動運転の量産化の動きについて「現実路線の検討」を示唆していました。

こうした経緯があり、ホンダはこれまでの方針を転換し、完全自動運転の技術開発で世界で最も走行データを持っていると思われるウェイモとの連携を模索し始めたのです。

クロネコならぬ、ロボネコヤマトで24時間配達

宅急便が誕生して、２０１６年で40年を迎えました。ヤマト運輸によると、２０１５年度の宅急便の取り扱いは年間17億３１２６万個という巨大なビジネスへと成

長しています。これは、日本の国民ひとりあたり、1年間で約14個を送った計算になるほど、宅急便が一般生活に浸透したと言えます。

この40年の間には、ゴルフ宅急便、クール宅急便、そして指定時間帯の配達など、さまざまな新サービスが導入されてきました。

そのクロネコヤマトに、なんと自動運転が仲間入りします。名称は、ロボネコヤマトです。これはIT企業のディー・エヌ・エーとのコラボレーションです。ディー・エヌ・エーは近年、新しく設置したオートモーティブ事業部で、完全自動運転の「ロボットタクシー」事業の商業化に向けた公道実験を2015年に開始しました。そうした自動運転の技術を応用するのが「ロボットタクシー＋クロネコヤマト＝ロボネコヤマト」なのです。

サービスのイメージは、受け取り人の依頼した場所と時間に、自動運転の小型配送車が到着。配送車の荷室には暗証番号で開閉可能なロッカーがあり、そこから荷物を取り出すというものです。

今回、ロボネコヤマトの実験を行う背景には、ヤマト運輸が提唱する「オンデマンド・ワン・マイル」という考え方があります。これは、生活者が望む時に、望む場所で、望む方法での荷物の受け取りを実現することです。「オンデマンド」とは、サービスを受ける人が自ら要望するという意味で、公共交通ではオンデマンド・バスが一般的に利用されています。

また「ワン・マイル」とは、英語の1マイル（約1・6キロメートル）を意味し、目的地の周辺に近い地域を「ラスト・ワンマイル」と呼びます。現在、ヤマト運輸では、「オンデマンド・ワン・マイル」として、コンビニ、ヤマト運輸の営業所、そして常設型の荷物専用コインロッカーでのサービスを実施しています。ロボネコヤマトは、そうした既存の「オンデマンド・ワン・マイル」に対する、自動運転を使った応用編なのです。

ロボネコヤマトは、生活者の立場からは荷物を自由自在に受け取ることができるほか、地域や社会に対しては安心安全な配達を行い、またビジネスとしては取引コストの減少が期待されています。

まずは、社会実証として開始されるロボネコヤマト。都会だけでなく、地方都市や人口の少ない中山間地域での需要も見込まれているので、実用化される可能性は十分にあると思われます。

福祉国家スウェーデンでの壮大な自動運転計画

16世紀の大航海時代に貿易港として栄えた、ヨーテボリ。その市街地で自動運転機能を備えたボルボ「XC90」が2017年前半から、総計100台が走り回ります。

充実した福祉政策を行う国として名高い、北欧スウェーデンで進む大規模な自動運転プロジェクト。名称を「ドライブ・スウェーデン」と言います。

これは、スウェーデン政府が推進している革新的イノベーションプログラムの一環で、目的は「継続可能な社会づくり」です。「ITをはじめとする革新的な新技術の影響で、スウェーデンの社会も近いうちに大きな変化が必要になる」という、政府としての次世代社会に向けた覚悟を感じる国家戦略なのです。

スウェーデン政府はコンセプトとして「サービスとしてのモビリティ」という言葉を掲げました。自家用車、商用車、バス、トラック、電車、飛行機などのさまざまな移動体による、「人の移動」と「モノの移動」を戦略的に見直すというのです。

その中核となるのが、自動運転です。移動を自動化することによって、一般の人の日常の移動を国家が民間企業と連携して総括的に管理するというもの。これを高齢者向けにも行うことで、移動を福祉の一環として考えているのです。

「ドライブ・スウェーデン」は、2016年に最終準備が始まり、2018年までが第1段階です。その後、3年ごとに実験内容が高度化し、最終的には2027年終了の第4段階まで、合計12年間に及ぶ壮大な計画になっています。

自動車メーカーとしては、スウェーデンが地元のボルボのほか、サーブや世界第3位の生産規模を誇る大手トラックメーカーのスカニアが「ドライブ・スウェーデン」に参加しています。

その中でも、ボルボといえば、衝突安全の思想をドイツのメルセデスと並んで世界でいち早く採用し「安全な車」の代名詞となったことで知られています。ボルボとしては今後、「究極の安全な車＝自動運転」を前面に打ち出した次世代車の開発を、スウェーデン政府と連携して進めていく考えです。

日本では、「移動における福祉」というと、車椅子に乗ったまま乗車できる介護車両という意味合いが強くなります。高齢者の一般生活の中で、自らが自家用車を運転したり、または介護を伴わないで公共交通に乗車したりする際、「移動における福祉」という考え方はほとんど持ち合わせていません。

日本がこれから直面する本格的な高齢化社会において、福祉国家スウェーデンでの自動運転国家戦略「ドライブ・スウェーデン」は、日本にとって良きお手本になるかもしれません。

アップルの極秘計画「プロジェクト・タイタン」が表舞台へ

長年にわたる噂が、ついに表舞台へ出てきました。２０１６年12月初め、アップルがアメリカの運輸省の国家道路交通安全局（ＮＨＴＳＡ）に宛てた書簡の内容が公開されました。そこには、アップルが自動運転に関して人工知能などの研究開発を進めていて、その実験を公道で行う場合、アップルのような自動車産業へ新規参入する企業と、自動車メーカーとは公平な立場になるべきだという要望が書かれていたのです。

アップルの自動運転と電気自動車の開発を行う社内の極秘計画は「プロジェクト・タイタン」と呼ばれています。２０１４年末頃からは、アップル本社があるカリフォルニア州クパチーノ市の周辺で、カメラやレーダーなどのセンサーを車外に装着した、FCA（フィアット・クライスラー・オートモービルズ）社製のミニバンの姿が頻繁に目撃されるようになりました。

2015年になると、アメリカの大手メディアで「アップル、2020年に自動運転車の量産化が確実」といった記事が載り始めました。そして、2016年になると英国の金融系の大手メディアが「F1チームやスーパーカーのメーカーである英国マクラーレンをアップルが買収し、量産車向けの自動運転の技術に応用することを検討している」と報じました。

さらに、アップルのティム・クックCEOは、自動運転事業の統括責任者としてボブ・マンスフィールド氏を指名したと、アメリカでは報じられています。マンスフィールド氏は、スティーブ・ジョブス元CEOの右腕で、iMacやアップルウォッチなどの新規事業を成功させた人物です。彼のようなスーパーエリートが自動運転事業を率いることで、アップルは社内外に対し、自動運転ビジネスへの本気度を示している、とシリコンバレーのＩＴ関係者の多くが語っています。

　こうした状況を整理してみると、アップルが自動運転の完成車を「アップルカー」として販売するのではなく、自動運転に関するシステムの管理方法をビジネス化することが浮上してきます。

　つまり、車の走行履歴や、日常生活でユーザーと車がｉＰｈｏｎｅを通じてやり取りする情報など、いわゆる「ビッグデータ」を収集して解析し、アップルが提供するさまざまなサービスと連携させる仕組みを作るのです。こうしたビジネスモデルは、「アップルカー」の製造販売をする場合でも当然通用します。

　しかし、自動車はアップルがこれまで手がけてきたパーソナルコンピュータや携帯電話などに比べて、初期投資のコストやサービスの維持管理コストが高くなります。

　また、事故が起こった場合、特にアメリカでは製造者責任の賠償金額が、最悪のケースでは数千億円規模になることがあります。このような数多くのリスクをどのように考えるのか、アップルとして最終的な答えは出ていない段階だと推測されます。

どちらにしても、アップルの自動車産業への参入は、既存の自動車産業にとって強烈なインパクトです。iPhoneの登場で、日本人の日常生活がガラリと変わってしまったように、アップルの自動運転ビジネスは、日本の街の風景も変えてしまうかもしれません。

第2章

そもそも自動運転とは何か？

いまだに〝自動運転〟の定義はない

「自動運転とは、何ですか？」

この質問にはっきり答えることができる人は、本書執筆時点では自動車メーカーにも、大学にも、そして霞が関の官公庁にもいません。

なぜならば、自動運転の定義がないからです。

テレビやネットで毎日のように「自動運転」という言葉を見かけるようになりましたので、当然何らかの基準があるかのように思われるでしょうが、それは番組ディレクターや編集者それぞれの判断で、「自動運転」という表記をしているだけです。実際に、私がこうした番組に出演し、またネットや雑誌の編集者と自動運転について打ち合わせしていると、この言葉の曖昧さを痛感します。

例えば、2016年11月に関西ローカルの報道バラエティ番組に出演した際、ひな壇に座る論客評論家が「(自動運転ではなく) 本当は自律運転というんですよ」と発言しました。

確かに、日本の学術研究者の間では、「自律運転」という言葉が使われることがあります。アメリカでも、ロボットや人工知能などの研究者に取材していると「オートノーマス・ドライビング（自律運転）」という表現をする人がまだ大勢います。しかし、最近になって状況が変化してきたと感じています。

世界各地で行われている「自動運転」「自律運転」または「自動走行」に関わる国際カンファレンスを巡っていると、２０１５〜２０１６年頃から「オートメイテッド・ドライビング（自動運転）」という表記が主流になってきました。

ただし、これは国際的な機関などの権威ある団体が「自動運転と呼ぶことにする」と宣言している訳ではありません。国際的な協議の枠組みとして、「オートメイテッド・ドライビング」という表記が増えてきた、ということに過ぎません。

それから、これもそもそも論ですが、「自動運転」に「車」を追記して「自動運転車」と呼ぶことは稀です。なぜならば、「運転」という言葉に「車の運転」という意味が含まれているからです。

そうは言っても、「電車の運転」や「自転車や自動二輪車の運転」も「運転」なので、それらの「自動運転」と「車の自動運転」との区別がつかないと思われるかもしれません。

要するに、これは英語の解釈の問題です。「ドライビング」とは「車の運転」を直接的に表現する言葉。電車の運転は「オペレーション」、また自転車や自動二輪車の運転は「ライディング」と呼びます。

結局、日本ではアメリカや欧州の自動車メーカーや行政機関による英語表記を日本語化しているため、自動で走行したり、運転操作を自動化したりした車を「自動運転」と称しているのです。

自動運転のレベル表示方法は2種類あった

「レベル3の自動運転」

テレビのニュースなどで、こんな表現を聞いたことがあるかもしれません。この「レベル」とは、自動運転の「発展の度合い」に対する指標です。

しかし、この「レベル」にも世界共通のルールや定義がありません。

現在、自動車メーカーや各国政府が使っている自動運転の「レベル」という表現が初めて登場したのは2013年初めと、つい最近のことです。

それは、アメリカのカリフォルニア州サンフランシスコの国際空港近くで開催された、自動運転に関する国際会議でのこと。翌日からのメインプログラムを始めるにあたって、一部の関係者に対する事前説明会で、参考書類が配布されました。

そこで私が目にしたのが、自動運転の「レベル」でした。ただし、「レベル」には2種類があると書かれていました。ひとつは、アメリカの「自動車技術会（SA

E）」の考え方。もうひとつは、前出のアメリカ運輸省・「国家道路交通安全局（NHTSA）」の考え方です。SAEもNHTSAも、自らの考え方を「定義」と呼んでいました。さらに、ドイツの連邦道路交通研究所（BASt）の表記もありましたが、BAStはSAEの表記に準じると説明されました。

この書類を見て、私は当然、頭を抱えました。これから自動運転の実用化に向けて自動車メーカーや各国政府が本格的に動き出そうとしているのに、アメリカが主導し、そこにドイツが連携し、「2つの定義」の存在を正当化しようとしているのですから。

こうしたやり方は、実は自動車産業界での王道だとも言えます。現在は、自動車の製造台数と販売台数で中国に抜かれて2位の座に甘んじているアメリカですが、世界の自動車産業界に対する強い発言権を持っています。

そのアメリカの中で、自動車技術に関する非営利団体であるSAEが権威として存在し、ゼネラルモーターース、フォード、FCAなどのアメリカ自動車メーカーの意見を取りまとめています。

一方で、新たなる道路交通法や自動車の安全基準などに関しては、政府機関のNHTSAが世界的な権威として力を振るっていますが、SAEとは共存共栄の立場をとっています。

そこに、ダイムラー、BMW、VWグループや、ボッシュ、コンチネンタル等の大手自動車部品メーカーを率いるドイツが連携するという図式です。ドイツはSAEの定義に準拠したため、メルセデスベンツやアウディの自動運転機能に関する資料では、SAEのレベル表示が使われてきました。

また、自動車の国際基準という点では、国際連合（国連）が世界各国の考え方を取りまとめる役目をしています。欧州経済委員会の中に、「自動車基準調和フォーラム」という枠組みがあります。ところが、現実的にはSAEやNHTSAの影響力が強いため、国連はアメリカとの間の調整役になっています。

こうした中で、日本の立ち位置ですが、自動車や道路に関する法整備を行う国土交通省は、国連での各種協議には参加するものの、多くの場合で「NHTSA準拠」という姿勢をこれまで続けてきました。そのため、自動運転のレベルについても、2013年初めからNHTSAの表記を採用しています。つまり、日本の自動車メーカーが自社のカタログなどで使う自動運転のレベルは、NHTSAの考え方です。

ところが最近、大きな問題が生じました。NHTSA独自の表記が消滅してしまったのです。

レベル0〜レベル5へ表記が変更

NHTSAは2016年9月、「自動運転に関するガイドライン」を発表しました。当初の予定では、同年7月にも公開されるはずだったのですが、自動運転に関する世界各地での情勢が急速に変化しており、そうした実情を十分に加味した内容とするため、最終的な取りまとめに時間がかかりました。

中身については、自動運転の実用化に向けた法整備についてかなり踏み込んだ内容になっており、ＮＨＴＳＡガイドラインが世界各地の政府や行政機関の今後の自動運転に対する考えに強い影響を及ぼすことは確実です。

そして、自動車産業界の関係者が最も驚いたのが、「ＮＨＴＳＡは今後、ＳＡＥの自動運転レベルを使用する」とした点です。

これで、これまで2種類あった自動運転のレベルの考え方が事実上一本化されたのです。２０１３年にＳＡＥとＮＨＴＳＡがそれぞれの自動運転レベルを発表して以降、自動運転に関するシンポジウムや国際会議の場で、大学の研究者を中心に「あまりにも紛らわしい。レベル表記は早期に一本化するべきだ」という意見が後を絶ちませんでした。

ＳＡＥの自動運転レベルの内容は、簡単にまとめますと、49ページの表にあるような内容です。くわしくは次の項目で解説します。

ＮＨＴＳＡのレベル表記（０～４）と比較した場合、レベル１（運転支援）とレベル２（部分自動運転）の考え方は同じ。レベル３については、ＳＡＥの場合、レベル３（条件付き自動運転）にレベル４（高度な自動運転）を加味しています。そして、運転席が無人でも走行が可能な完全自動運転については、ＮＨＴＳＡがレベル４、ＳＥＡがレベル５という表記になります。

こうして、ＮＨＴＳＡがＳＡＥのレベル定義の採用を決めたことで、「ＮＨＴＳＡ準拠」の姿勢である日本も必然的に、ＳＡＥのレベル定義へと変更を強いられます。

２０１６年９月のＮＨＴＳＡによる自動運転ガイドライン発表の後、日本の行政機関が作成する自動運転に関する資料でも、自動運転のレベル表示が変更されています。いまのところ、ＮＨＴＳＡ準拠の各レベルにＳＡＥのレベルを併記し、レベル１（ＳＡＥレベル１）、レベル２（ＳＡＥレベル２）、レベル３（ＳＡＥレベル３及び４）、レベル４（ＳＡＥレベル４及び５）と、苦肉の策がとられています。

米国自動車技術会（SAE）における自動運転の定義

レベル	名称	説明	操作の主体	環境の監視	万が一の備え
0	手動運転	予防安全装置がある場合でも、ドライバがすべての運転タスクを行う	ドライバ	ドライバ	ドライバ
1	運転支援	自動運転システムによる横方向か縦方向どちらかの持続的な制御	ドライバ	ドライバ	ドライバ
2	部分自動運転	自動運転システムによる横方向と縦方向の両方の持続的な制御	システム	ドライバ	ドライバ
3	条件付き自動運転	すべての運転タスクをシステムが行い、要求に応じてドライバが適切に反応	システム	システム	ドライバ
4	高度な自動運転	限定条件下ですべての運転タスクをシステムが実行。ドライバの反応を期待しない	システム	システム	システム
5	完全自動運転	無条件ですべての運転タスクをシステムが実行。ドライバの反応を期待しない	システム	システム	システム

出典：独立行政法人 自動車技術総合機構
平成28年度 交通安全環境研究所フォーラム2016
講演「自動運転に関する国際基準の検討状況と関連課題への取組」

自動運転の国家戦略に関わる政府関係者に、今後の予定を聞いたところ「2017年の良きタイミングで、（自動運転の将来構想を示す）官民ITS構想・ロードマップの内容をSAEレベルに統一した表記に書き直す予定です」と答えています。

また、日本が重要な立場で参加している、国連の自動運転の基準化の協議でも、SAEの定義を参考として進められている状況です。

このように、自動運転の定義については度々、さまざまな変更が行われています。これも、まったく新しい自動車の世界を実現するための、生みの苦しみなのだと思います。

自動運転のレベルとは

改めて、自動運転レベルとは、自動車メーカーや各国の行政機関、または大学の研究者などが自動運転について「同じ言葉（または、同じ意味）」で議論するための指標です。逆に言えば、以前は企業や国によって、自動運転に対する考え方がバラバラだったということです。そして当然のことですが、一般の人にとっても新車を購入する際の目安になります。

この章の初めでも解説しましたが、現状では世界共通のルールや定義がありません。しかし、ここからの説明にも頻繁に自動運転のレベルが出てきますので、本書ではひとまずSAEの定義を前提に解説したいと思います。それでは、自動運転レベルについて、順を追って説明していきましょう。

まずは、システムという言葉についてです。これは、自動車側に組み込まれた運転を制御する機能を指します。ハードウエアやソフトウエア、またはその両方の場合もあります。

このシステムが、運転に対してまったく介入しない状態が、レベル０（ゼロ）です。これを、「手動運転」と呼びます。つまり、現時点で街中を走行している「普通の自動車」がレベル０と考えます。

次に、ひとつレベルが上がった、レベル1。この場合、自動車側のシステムが、自動車の横方向、または進行方向に対して縦方向のどちらかを「持続的に制御」することと、を指します。つまり、「運転支援」という考え方です。運転の操作や、万が一の場合の対応も、運転者が行います。

レベル2になると、「部分自動運転」と呼ばれ、自動運転という言葉が明記されます。レベル1との違いは、自動車の横方向と、進行方向に対して縦方向の両方で制御が持続します。ここでキーポイントとなるのが、自動車の操作の主体が、運転者からシステムに変わっていることです。運転者の役目は、「環境の監視」と呼ばれるように、通常の運転と同じように周囲の状況を見たり聞いたりし続けなければいけません。そして、万が一の場合、システムから文字表示、音声、またはハンドルへの振動などを使って「手動運転に戻します」という連絡が来て、その後は運転者が操作を行います。

さらに、レベル3になると、「条件付き自動運転」と呼ばれます。システムが「環境の監視」を行うため、運転者の負担は一気に軽減されます。ただし、万が一の場合、レベル2と同様に、システムが手動運転への切り替えを要求してきます。

レベル3になると、運転者が車内でかなり自由な行動を取ることが連想できます。例えば、ボルボが公開しているレベル3のイメージ動画では、通勤中の女性が高速道路を走行中に読書をしたり、スケッチブックに作画をするシーンが出てきます。ただし、万が一の場合、手動運転に戻るため、着座位置は普通の自動車と同じように、進行方向に向かって真っ直ぐな状態を維持したままです。

この先、「高度な自動運転」と呼ばれるレベル4になると、そうした着座位置が拘束されることはなくなります。なぜならば、万が一の場合でも、自動車側のシステムがすべて対応してくれるからです。レベル4では、「限定条件下で」という但し書きがあります。この条件とは、高速道路や、自動運転専用道路、または一般道における自動運転専用の通行時間などを、道路インフラ側で安全を担保するという限定条件です。

そして、究極の自動運転であるレベル5。これを完全自動運転と定義しています。道路環境を問わず、どこでもいつでも自動で走行することを意味します。

自動運転は、いつから存在しているのか?

自動車の歴史は、ドイツの技術者カール・ベンツが1883年に乗用車の製造販売会社を設立したことで幕開けしました。1900年代に入ると、アメリカではタクシー向けに電気自動車の第一次普及期が訪れるなど、早くも新しい自動車の開発競争が始まっていたのです。

自動運転についても当然、未来交通の筆頭に挙げられていました。そうした「夢の世界」を、映像と大規模な模型で表現したのが、アメリカのゼネラルモーターース(GM)です。

1939年にニューヨークで開催された万国博覧会では、巨大なGMブースの周辺には、未来を実体験できる「フューチャーラマ」をひと目見ようと長蛇の列ができました。

「フューチャーラマ」とは、「フューチャー（未来）」の「パノラマ」という意味です。未来とは、その時点での21年後である1960年に設定されていました。

そこに描かれていた世界とは、都市部には超高層ビルが建ち、郊外はコンピュータを活用した農業開発地域が広がります。

また、移動については都市部の近くに飛行場があり、都心と周辺地域を結ぶ片側7車線の「エクスプレス・モーターウエイ（高速道路）」の姿が見えます。走行する速度は、時速50マイル（約80キロメートル）は当然で、技術革新によって時速75マイル（約120キロメートル）や、はたまた時速100マイル（約160キロメートル）という超高速での走行が可能になっていると想定しています。

こうした超高速の移動を安全に行える理由として、「オートメイテッド」機能という言葉が登場します。さらに、具体的な技術として、前を走る車との車間距離を

「オートメイテッド・ラジオコントロール」によって制御すること。さらに、ハンドル操作を自動的に行うことで、目的地に向かうために最適な車線を選択し、カーブでも車線からはみ出すことがなく、一定の速度で走行できることを説明しています。

それから80年近い年月を経て、現在の自動車では前車追従型のクルーズコントロールや、車線逸脱防止機能など、１９３９年のニューヨーク万博での「夢の一部」が現実になっています。

こうした歴史を振り返って、「けっこう早く実現した」と思う人よりも、「けっこう時間がかかった」と思う人のほうが多いのではないでしょうか。

実際、「もっと早く自動運転を実用化しよう」という動きがあったのです。しかし、社会の情勢など、さまざまな要因が自動運転の実用化を阻んできました。

1950年代には本格的な走行実験

第二次世界大戦の終戦後、1950年代のアメリカは自動車王国の道を突き進みました。華やかなモーターショーには、ボディのサイズが大きく、デザインが派手で、エンジンの排気量も大きい車がデビューし、「大きいことは富の象徴だ」という風潮になりました。

そうした中で、自動車メーカーがこだわったのが、インテリアの豪華さです。高級車では、毛皮で覆いつくしたシートを採用し、お酒を並べるサイドボードを備え付けるなど、車内を上質な「部屋としての空間」に仕立てました。振動でもレコード針が飛びにくい工夫をしたレコードプレーヤーなど、量産は難しそうなアイディアを積極的に「見える化」していきました。

こうしたコンセプトモデルが登場する舞台となったのが、GMが1949年から1961年まで全米各地で開催した「モトラマ」です。「モーター」と「パノラマ」

による造語で、1939年のニューヨーク万博での「フューチャーラマ」を応用したものです。

「モトラマ」では、さまざまな「未来の車」や「未来の交通」の提案が続々と登場しました。その中で、1956年に発表されたのが「オートパイロット」。つまり、自動運転です。

実車のコンセプトモデルとして、「ファイアバードⅢ」を出展。GMの開発コード「XP－73」と呼ばれ、ガスタービンを動力源とする2人乗りのスーパーカーです。アクセル、ブレーキ、ハンドルを電子制御システムでコントロールし、自動運転を想定しました。

また、「オートパイロット」のイメージ動画も作成されました。こちらは「ファイアバード」をモチーフに4人乗りとした車です。想定としては、家族4人が高速道路で渋滞につかまりますが、「オートパイロット」に切り替えると自動運転専用レーンをスムーズに走るというもの。

「オートパイロット」を作動するには、自動運転のコントロールセンターの管制官と無線通信することで走行の条件が設定されます。すると、運転席のハンドルがダッシュボード内に収納され、運転していたお父さんは葉巻をふかし始めます。助手席の息子は車内冷蔵庫から取り出したアイスクリームを食べ、後席のお母さんと娘はコーヒーを沸かして飲むという家族団欒を描いています。

こうした自動運転に関する車内での状況設定は、1956年「モトラマ」から60年以上経過した現在でも、自動車メーカー各社の最新技術における実用化のイメージと大差はありません。

さらに驚くことに、GMは当時アメリカで大手電機メーカーだったRCAと連携して、「オートパイロット」の実車によるテスト走行を行っているのです。

ところが、その後「オートパイロット」計画の話はぱったりと聞こえなくなってしまいました。

1970年代オイルショックで一気に下火に

結局、1939年のニューヨーク万博の「フューチャーラマ」で想定した、1960年の未来都市での「オートメイテッド・ハイウエイ」は、1960年の時点では実現しませんでした。また、1950年代の「モトラマ」に登場した「オートパイロット」の量産化も、1960年代に入ってもまったく進みませんでした。

1960年代は世界的に自動車産業の規模が拡大した時期です。しかし、フォードやクライスラーなどのアメリカのメーカーからも、ダイムラーなどの欧州メーカーからも、自動運転に関する具体的な提案は出なくなりました。また、日本メーカーは当時、欧米メーカーとの技術の差は歴然で、自動運転のような「夢の車」を早期に実用化するという発想はありませんでした。

要するに、世界の自動車メーカーは急激に自動車の需要が拡大する中「目の前の商売」で大忙しで、「遠い未来の車」の開発の優先順位が下がってしまったのです。

さらに、1970年代に入ると、第四次中東戦争を基点とした世界的なオイルショックが起こります。ガソリン価格が高騰し、またアメリカでマスキー法という排気ガス規制に関する法律が施行されました。そのため、排気量の大きなエンジンを搭載したアメ車は、燃費の良い小型エンジンへの転換が急務となりました。そうした「目の前の開発」で大忙しとなり、自動運転という「未来の車」の存在感は益々小さくなっていきました。

一方で、日本や欧州では「未来の交通手段」として、軌道を走る小型の無人バスや、小型のモノレールなどについて、大学や政府系の研究機関で議論されるようになりました。また、ガソリンを使わない交通システムとして、電気自動車（ＥＶ）の開発も進み、モーターショーなどでコンセプトモデルが登場するようになります。

ただし、当時はバッテリーに鉛蓄電池を使用していたため、電池の充電効率の低さ、電池の寿命の短さ、また電池の中の電解液の強い臭いなどが課題となり、本格的な普及には至りませんでした。

仮に、こうした電池に関して、現在のリチウムイオン二次電池のような革新的な技術が生まれていれば、日本でも自動運転の開発が進んだかもしれません。なぜならば、運行を管理することが、電池の効果的な使い方に直接結びつくからです。

その後、１９７０年代後半から１９９０年代にかけて、日米欧の大学や、欧州の研究機関などが自動車メーカーと連携した「自律運転」や「自動運転」の基礎研究は行われてきました。しかし、その様子を知る日本人の「自動運転」開発者は、「研究の成果が表舞台に出ることは少なく、メディアの扱いも小さく、地味な研究を黙々と続けていました」と当時を振り返ります。

そうした状況が２０００年代に入り、大きく変化することになります。

50年間のブランクを一気に破った米国防総省

「アメリカで２００４年、優勝賞金２億円の無人カーレースの開催決定！」

このニュースを聞いた世界の自動車メーカーは最初、事の重大さに気がつきませんでした。なぜならば、レースの主催者が「ダーパ（DARPA）」という聞きなれない団体だったからです。

ダーパは、アメリカ国防総省の高等研究計画局で、軍事に関する最先端の研究開発を行う行政機関です。そのため、無人カーはあくまでも軍事が目的で、自動車メーカーなどの民間企業には関係がない、というイメージがありました。

二足歩行ロボット「アシモ」の研究が進んでいたホンダも「アメリカ政府からホンダに対して、無人カーレース参戦のお誘いがありました。しかし、（国防総省が関わることで）軍需とのつながりが強いという印象があり、参加しませんでした」（ホンダ関係者）と言います。

しかし、ダーパ側は軍需への意識がさほど強くなかったようです。当時の事情に詳しいダーパ職員は「米ソ冷戦が終わった後、ダーパやNASA（航空宇宙局）は軍需よりも一般的なビジネスに結びつくような先進技術の開発を強化してきました。

自動運転もその一環で、世界的な注目を集め、一気に技術進化をする基盤として賞金レースを発案したのです」と話してくれました。

こうして2004年、「ダーパ・グランドチャレンジ」がラスベガスに近い砂漠地帯で開催されました。参加チームはアメリカの技術系の名門大学が目立ち、その多くがロボット工学の研究者でした。しかし、大方の予想に反して、完走車ゼロで優勝者なし。そうした屈辱的な結果によって、参加者は全員、究極の自動運転の実用化の難しさを思い知らされることになりました。

優勝賞金が持ち越された、翌2005年。参加者たちはリベンジのため、1年間、自動運転の研究開発に没頭しました。アメリカ政府は本気で自動運転の実用化を考えているという状況が、研究者たちのモチベーションにつながったといえます。そして、2005年は完走台数が一気に増え、トップチームの高い自動運転の精度に対して、車両を提供したり、レース風景を見学にきたりした自動車メーカーの関係者も舌を巻きました。

その2年後の2007年には、市街地を模したコースで「ダーパ・アーバンチャレンジ」が開催されました。カリフォルニア州郊外にある空軍基地の跡地を使い、信号機がある交差点やS字カーブなどを設定しました。ここでも、マサチューセッツ工科大学（MIT）、カーネギーメロン大学、スタンフォード大学などのエリート研究者が上位を占めました。

画像を認識する技術や、人工知能を活用した大量データを解析する技術など、それまで大学内部に蓄積していた知見の実用化への道筋が、無人カーレースによって見えてきたのです。

ダーパの無人カーレースは合計3回で終了しましたが、参加した研究者の多くがグーグルなどのIT大手や、ドイツとアメリカの自動車メーカー、大手自動車部品メーカーに転職しました。こうしてダーパの試みは、現在世界各地で活発化している自動運転の実用化に直接結びついているのです。

自動運転に必要な「AVとCV」の融合

AVとは、「オートメイテッド・ヴィークル」（自動運転車）の略称。そして、CVとは「コネクテッド・ヴィークル」（つながる車）を示します。

最近、自動運転に関する、アメリカや欧州の自動車メーカーや行政機関の資料には、このAVとCVという言葉がよく登場します。そして「AVとCVは融合していく」というイメージでの図式が描かれています。

日本では、自動車メーカーの開発者など一部の人を除いて、この「コネクテッド・ヴィークル」という言葉を聞いたことはないと思います。

「コネクテッド」とは、車が通信機能を介してさまざまな情報を外部とやり取りすることです。もっとも分かりやすいのが、カーナビゲーションです。GPSなどの衛星測位システムによって、車の現在位置、車の向かっている方向、さらに車の移動速度が分かり、その情報が地図の上に表示され、目的地までの距離、時間、そして最適なルートを検索してくれます。この場合、車に搭載された受信機が上空の測位衛星からの信号を受信するという「コネクテッド」の状態にあります。

また、ETC（自動料金徴収システム）も「コネクテッド」の仲間です。料金所にある、DSRC（狭域通信）と呼ばれる機能を介してETC車載器が通信することで、料金が支払われ、料金所のバーが上がります。こうした「コネクテッド」は、自動運転の走行レベルを上げていくためには必要不可欠な技術です。

現在では、前車との車間距離を保つ「クルーズコントロール」の場合、後方の車がカメラやレーダーで実際の距離を測りながら走っています。これが「コネクテッド」になると、走行しているすべての車が、それぞれの位置・走行している方向・走行速度、そして加速と減速の度合いを把握できます。方法としては、車と車、また車と道路側の機器、そしてGPSなどの衛星測位などによる「複合的なコネクテッド」です。

また、車の走行データや乗車している人の個人データの「コネクテッド」という領域でも多くの研究開発が進んでいて、一部はすでに量産化されています。自動車メーカーが作成した未来の「コネクテッド・ヴィークル」のイメージ映像では、車の中にいながら日常生活のほぼすべての情報を効果的にやり取りするシーンが出てきます。

例えば、ドライバーが車に対して「娘に、学校に迎えに行く時間が予定より15分遅れることをメールして」と話しかけます。メールの配信と同時に、車が「冷蔵庫の中で、ミルクの賞味期限が切れそうです。スーパーに注文して、娘さんを迎えにいったあとに取りにいきますか?」という具合です。

こうした高度なCVの実用例では、AVとの技術的な接点が多いことが、直感的に理解していただけると思います。

そして、AVとCVとの融合について、本格的な法整備が進み始めました。NHTSAは2016年12月、CVに関する技術開発や実用化に対する規則を初めて発表しました。これは、その3カ月前に同じくNHTSAが公表した、AVに関するガイドラインが深く関与しているのは当然でしょう。

自動運転車と電気自動車の相性

「うわぁ〜、凄い。この車、本当に自動で車線変更している！」

アメリカの電気自動車（ＥＶ）ベンチャー企業テスラの４ドアクーペ「モデルＳ」が２０１６年の年末、イルミネーションが綺麗な首都高速レインボーブリッジを渡りながら、お台場方面に向かいました。

これは、あるニュース情報番組でのひとコマ。司会のタレントさんが実際に「モデルＳ」のハンドルを握り、車内には他に、テスラ関係者とタレントさんふたり、そして自動運転に関する解説役の私、あわせて５人が乗車しました。運転したタレントさんは、アメリカでテスラに乗った経験があるのですが、住み慣れた日本で最新の自動運転機能を体験したことで、改めて自動運転の凄さを感じていました。

テスラは２０１５年後半から、アメリカで自動車線変更を行う自動運転機能を搭載した車を量産化しています。日本でも２０１６年1月から公道での使用が国から認められました。テスラと言えば、既存の自動車メーカーより一歩早く、高級ＥＶの市場を自ら開拓してきました。自動運転についても同様で、自動車線変更についても日系メーカーより1年から2年早く市場に導入しているのです。

テスラが自動運転車の開発を促進している理由のひとつに、「電気自動車との相性の良さ」が挙げられます。現状で、電気自動車の最も大きな弱点は、電池が切れると充電までにかなりの時間がかかることです。家庭やオフィスでは交流電源で一晩近く、また直流による急速充電でも30分近くかかります。

今後、電池と充電設備の性能が上がったとしても、ガソリン車のように数分で「燃料満タンでエネルギー充填完了」というレベルになるには、まだ相当な開発期間が必要です。そこで重要なのが電池の状況の管理であり、そこに自動運転車がベストマッチします。電池内のエネルギーの減り具合に応じて、また近隣の充電施設の状況を「コネクテッド」によって加味しながら、最適な走行を行うのです。

テスラにとっての自動運転とは、最先端技術という企業イメージだけではなく、テスラのビジネスの主体であるＥＶとの相性が重要な観点なのです。

こうした考え方は、２０１６年末時点で世界で最も多くの電気自動車を販売している日産でも同じです。そのため、日産の自動運転の開発車両には、最新型の「リーフ」が使われています。

この実験車両を都内で同乗試乗したことがあるのですが、その際に開発責任者は「自動運転は電気自動車でなければならないワケではありませんが、電気自動車との相性が良いのは事実です」と話しています。

第3章

完全自動運転と運転補助の違い

自動運転に対する勘違い

自動ブレーキ、自動車線変更、そして免許を返納した高齢者でも乗れるグーグルカーやロボットタクシー。ひと言で「自動運転」といっても、実際にはさまざまな種類や方法があります。テレビや雑誌などでは、こうした最新の自動運転の違いについて、しっかりと説明していないケースが目立ちます。そのため、結果的に自動運転に対する勘違いが多数生じています。

どうしてそうなってしまうのかというと、第2章で紹介したように「自動運転の定義」がないからです。企業によって自動運転に対する考え方に違いがあり、それがメディアに反映してしまっているのです。

そのため、情報の受け手である一般の人が、自動運転について理解を深めるための情報の整理ができていないのです。

実は、自動車メーカーや自動車部品メーカーの経営陣や社員の中でも、一般の人と同じように自動運転の現状把握ができていないケースが目立ちます。自動車のプロですらそうした状況に陥ってしまっているのも、致し方ないと思います。

なぜならば、1930年代に発想されたものの、本格的な実用化まで80年以上の歳月が必要だったのです。

それが、2000年代に入ってから急速な技術革新が進み、さらには世界のIT大手企業やITベンチャーなどが自動運転を使った新しいサービスの量産化を計画しています。自動運転はいま、自動車産業史の中で最大級の大転換をもたらそうとしているのです。

そうした巨大な変化の中で、日本だけではなく、世界各国で「自動運転に対する勘違い」が発生しているのです。

2つの方法で完全運転の実現に「5年の差」

では、現時点で、自動運転をどのように考えることが正しい理解となるのでしょうか?

その答えは、「自動運転には大きく2つの種類がある」ということです。

ひとつは、「いきなり無人運転」です。つまり、完全自動運転だけを行うビジネスです。第2章で紹介した、日本でもこれから採用することになるSAEの自動運転レベル表示では「レベル5」になります。つまり、自動運転として最も自動化の度合いが高い状態を意味します。

この「レベル5」の状態を常に維持したまま走行することで、運転者のいないタクシーやバスのビジネスを考案しているのが、グーグルなどのIT企業の経営戦略です。日米欧で早期の量産化に向けた動きが進んでいて、2019~2020年には一般向けのサービスを開始する予定です。こうした動きに対して、多くの自動車メーカーが「技術的に時期尚早」という立場を取っています。

もうひとつは、多くの自動車メーカーが推奨している、段階的に自動運転の自動化を上げていく方法です。本書執筆時点で、量産されているのは「レベル２（部分自動運転）」が最高です。

今後、世界各国で自動車メーカー、大学などの研究機関、そして国などの行政機関が本格的に連携して、「レベル３（条件付き自動運転）」以上を実現するための公道実験を行う計画です。最高ランクの「レベル５（完全自動運転）」に到達するのは、２０２５年頃か、それ以降という判断です。

このように、自動運転の実用化に向けた2つの考え方では、自動運転の技術的な最終到達地点であるはずの「レベル5」の達成に、5年以上の差があるのです。こうした差がなぜ生じているのかを、さまざまな角度から詳しく見ていきます。

本当の名前は「自動ブレーキ」？

スバルのテレビCM、「ぶつからないクルマ」で一気に認知度が上がった「自動ブレーキ」。

ルームミラーの周辺に2つのカメラがあり、前方方向での画像を認識する運転支援システムが「アイサイト」です。安心安全を強調したこの技術戦略が功を奏し、スバルの販売を大きく押し上げました。

そのため、スバル以外の販売現場からは「ウチの新車にも早くつけてほしい」という多くの声が各メーカー本社に寄せられ、その結果として日本国内での「自動ブレーキ」標準装備が一気に進みました。

また、後で詳しく説明しますが、国の関連機関が自動車の予防安全性能を評価する「自動車アセスメント」で、２０１４年から「自動ブレーキ」の性能評価が加わったことも、「自動ブレーキ」普及の大きな要因です。

さて、「自動ブレーキ」という呼び方について、世間では賛否両論があります。自動車メーカーや大学の研究者の多くは「自動ブレーキ」とは呼ばず、「衝突被害軽減ブレーキ」と呼んでいます。

ところが、アメリカや欧州、そして国連など世界的に自動車技術を協議する場での状況は違います。「自動」や「自律」を意味する「オートノーマス」という単語が入っているのです。正確には、「オートノーマス・エマージェンシー・ブレーキング・システム（略称ＡＥＢＳ）」と言います。

これを、国土交通省では「衝突被害軽減制動装置」と日本語訳しているのです。そのため、国の関係者は「いわゆる自動ブレーキと呼ばれる、衝突被害軽減ブレーキ」という言い回しを使うことが多い印象があります。

2人に1人が「自動ブレーキ」を誤解

そうした曖昧な表現が一般化している「自動ブレーキ」ですが、当然のことながら、ドライバーの多くが自動ブレーキに対する大きな誤解を持っています。

一般社団法人日本自動車連盟（ＪＡＦ）が２０１６年にまとめた資料「自動車の未来」(http://www.jaf.or.jp/eco-safety/asv_cg/enq.htm) で、その誤解の大きさが一目瞭然となりました。それによると、全国のドライバー３万５６１４人に行ったアンケート調査で、質問「ニュースやＣＭ等で話題の『自動ブレーキ』や『ぶつからないクルマ』を知っていますか？」に対して、97・３％の人が「知っている」と回答しました。

ところが、全体のほぼ半数となる45・２％の人が、自動ブレーキとは「ぶつからないように勝手にブレーキをかけてくれる装置」と答えています。これに対してＪＡＦは、これは誤った認識で、自動ブレーキはもしもの場合でも止まらないことがあるので、過信しないでください、と注意を呼びかけています。

その上で、自動ブレーキとは「正しくは『衝突被害軽減ブレーキ』」「危険を知らせ、衝突の回避または軽減してくれる装置」と説明しています。

さらに、
・ブレーキを踏む必要がある状況でドライバーがブレーキを踏まない場合、最初に警告音が鳴る。通常は、この時点でブレーキをしっかり踏む
・それでもドライバーがブレーキを踏まなかった場合、2度目の警告音が鳴った状態で衝突被害軽減ブレーキが作動。強制的に減速させ、その結果として衝突を回避、または最小限の衝突で被害を軽減させる
と解説しています。

そして、注目するべきは、締めくくりの言葉です。そこには「自動走行はまだまだ先。システムを過信せず、安全運転を心がけましょう！」とあります。

つまり、「自動ブレーキと自動運転との明確な関係」には言及せず、「自動ブレー

キ」に対する注意喚起に留めている印象です。

なぜならば、前述のように「自動運転には大きく2つの種類があり……」といった詳しい技術動向を、一般ユーザーにいきなり説明しても、深い理解を得ることは難しいからです。

また、SAEの「自動運転の定義」に照らし合わせると、「いわゆる自動ブレーキ」は「レベル1」の運転支援には含まれない可能性があります。国による日本語訳では、「レベル1」は「自動運転システムによる横方向と縦方向どちらかの持続的な制御」とあります。

キモとなるのは、「持続的な」という部分です。運転中、ブレーキは必要に応じて使う装置だからです。ただし、「レベル1」操作の主体が車側のシステムではなく、ドライバー側にあることも注目点です。

日産の「単一車線、自動運転機能」は自動運転？

自動運転という言葉を、自動車の販売戦略で積極的に使っているのが日産です。有名ミュージシャンが、運転席で両手を離した状態で走行しているシーンがテレビCMで採用され、世間での話題となりました。日産によると、あのシーンはコンピュータグラフィックスなどの画像処理をしたものではなく、自社のテストコース内で自動運転の研究開発車両を実際に走行させたものだと言います。

そうした先進的な開発を、日産は2016年夏に発売したミニバン、新型「セレナ」で量産化しました。機能の名称は「プロパイロット」です。では、「プロパイロット」は「自動運転」なのでしょうか？

日産の商品説明では「単一車線での自動運転技術」と、「自動運転」という言葉をはっきりと使っています。

結論から言うと、「プロパイロット」は「レベル2の自動運転」です。SAEによると「レベル2」とは、「部分自動運転」を指します。具体的には「自動運転システムによる横方向と縦方向の両方の持続的な制御」となります。実際に、新型「セレナ」を一般道路や首都高速道路で運転してみると、確かに「部分的な自動運転」のように感じます。

前車との車間距離を保つクルーズコントロールでは、前車が完全に停止した場合でこちらも停止。前車が走り出すと、こちらも発進します。また、車線を検知することで、カーブでも車線のほぼ中央を走行するようにハンドルが自動的に修正されます。

こうした走行状態に近くなる機能は、スバルの「アイサイト」や、ホンダの「ホンダセンス」等でも搭載されていますが、両社では「自動運転」という言葉は使わず、高度な運転支援システムという解釈をとっています。これは、それぞれの企業による、自動運転の解釈の違いです。

また、キモとなる画像の認識について、スバルは日立オートモティブシステムズ、またホンダは日本電産エレシスという日系企業の技術を使っています。

一方で、日産の場合、画像の認識技術でイスラエルのベンチャー企業、モービルアイと提携しています。モービルアイは2000年の中頃、ある日本企業が提供した開発費用を原資として始まりました。いまでは、欧米ではGM、ボルボ、VWグループ、また日本では日産のほかマツダに、ひとつのカメラを用いた高度な画像認識の技術を提供しています。

モービルアイの強みは、独自に開発した理論であるアルゴリズムを使うこと。さらに、提携先の自動車メーカーを通じて収集した膨大な画像データを解析し、自社の技術開発が飛躍的に向上するシステムを作り上げたことです。

2018年には、各自動車メーカーが採用している最新ソフトウエアの「アイキュー3」と比べてデータの処理速度が大きく上がる「アイキュー4」が量産化されるため、そのタイミングで、条件付き自動運転「レベル3」を目指した自動車メーカー間の競争が進むでしょう。

自動車メーカーにとって最重要課題は「アセスメント」

先に説明したように、自動車メーカーが自動運転の開発を急いでいる理由のひとつが、「自動車アセスメント」への対応です。自動車アセスメントとは、国土交通省が所管する、独立行政法人・自動車事故対策機構が行うものです。

その目的は、〝自動車ユーザーの安全な車選びをしやすい環境を整えるとともに、自動車メーカーにより安全な自動車の開発を促進することによって、安全な自動車の普及を促進しようとする〟（自動車事故対策機構）と定められています。

実際、何をやっているかというと、自動車メーカー各社が市販されている自動車を提供し、衝突実験を行い、その結果を公表しています。

そのなかで知名度が高いのが、衝突実験でしょう。正式には、乗員保護性能評価に関する試験です。正面衝突の、フルラップ前面衝突。左右方向にずれた状態で正面衝突する、オフセット前面衝突。さらに、側面と後面の衝突について行うものです。そのほか、ブレーキ性能や、チャイルドシートに関する評価試験があります。

そして近年になり重要性が高まってきたのが、歩行者保護に対する性能評価です。死亡事故に関わることが多い頭部と、直接的な衝撃を受ける脚部に対する保護が焦点となっています。

この歩行者保護に対する自動車アセスメントでは、自動運転向けとして開発が進んでいる「画像認識」などの技術進化が必須です。特に、欧州での自動車アセスメントで、２０１８年から夜間の歩行者保護の評価試験が開始される予定で、そのためには高度な画像認識の技術が求められています。その後、日本の自動車アセスメントも欧州の制度に準じる可能性が高いと考えられます。

こうした状況で、自動車メーカーとしては、カメラやセンサーなどを使った先進的な運転支援システムの性能を引き上げるための開発を進めています。結果的に、こうした開発が、自動運転の自動化のレベルを上げることに直接つながります。

自動車アセスメントは、あくまでもユーザーの車選びを助けるためのデータ公開制度であり、自動車メーカーに参加の義務はありません。しかし、現実には、自動車アセスメントで示される各車の性能は、新車販売に直結しています。そのため、自動車メーカーとしては「事実上の法規制」だという認識です。

つまり、自動車アセスメントの性能試験の今後の動向から、自動車メーカーの自動運転技術の量産化について、ユーザーはある程度の目処をつけることができるのです。

自動運転中は「お酒を飲めない」

「お酒を飲んでも、自宅まで自動で送り届けてくれる」

自動運転に求めることとして、よく耳にする話です。一般の人だけではなく、自動車メーカーでも、こうした願望を口にする人は大勢います。

ところが、自動運転では、自動運転で走行している時だけではなく、乗車前に飲酒することも許されない可能性が高いのです。

なぜかというと、緊急事態などで自動運転が解除された場合、乗車している人の手動運転に戻るケースが考えられるからです。飲酒だけではなく、この運転が「手動と自動を行き来すること」が、自動運転の開発で最も大きな壁であると言われています。

多くの自動車メーカーが進めている自動運転の開発では、自動運転の度合いを「レベル1」「レベル2」「レベル3」「レベル4」と設定し、そして完全自動運転の「レベル5」へ徐々に引き上げていく計画であることを、すでに紹介しました。

自動運転の開発で最も大きな壁となる「手動と自動の行き来」は、「レベル3」と「レベル4」の間を指します。英語では「オーバーライド」と言います。運転を、自動車のシステムに「託す」という意味です。車内にあるボタンやレバーなどのスイッチをオンにすることで作動するイメージです。ただし、本書執筆時点では「オーバーライド」における技術的な規格について、自動車メーカー同士、または自動車メーカーと行政機関との間での協議はまだ進んでいません。

「オーバーライド」を導入する際、飲酒については、現在の道路交通法を適用し「飲んだら乗るな」を厳守することで問題は解決します。

また、飲酒よりも大きな課題は、睡眠です。長距離ドライブの途中や、寝不足の翌日の運転中などで、「眠くて、自分ではこれ以上、運転を継続することができない」と判断した場合、多くの人が「レベル3」から「レベル4」への「オーバーライド」を行い、ゆっくり睡眠をとるでしょう。自動運転の実用化を望む声の中で、こうした状況を想定する人が最も多いと推測されます。

そのうえで問題となるのが、自動車側のシステムから「レベル3への復帰」を通知された時です。熟睡している状態から、運転できる精神と身体の状態を回復するまでの時間には、大きな個人差があるのは当然です。また、同じ人でもその日の体調によって、状況は大きく変化します。

自動車メーカーや自動車部品メーカーでは、こうした睡眠を含めた「オーバーライド」の課題を克服するため、車内の専用カメラでドライバーの顔の表情をモニタリングする研究を進めています。目の開け具合、頬の筋肉の動きなど、さまざまな観点から運転に適した状況にあるかどうかを判断しようというのです。

とはいえ、車側が「レベル3への復帰可能」として手動運転へ「オーバーライド」を解除した後に、ドライバーが正しい運転を行える状況にならず、その結果として事故につながる危険性が考えられます。そのため、自動車メーカーとしては、製造者責任法（PL法）の観点からも「オーバーライド」に対しては極めて慎重、かつ徹底した研究開発を続けているのです。

IT企業の「いきなりレベル5」が可能な理由

これまでは、自動車メーカーによる、最高峰の自動運転「レベル5」に向けた手法について見てきました。

そうした手法と正反対の「いきなりレベル5」を目指す、自動運転ビジネスの早期実現を狙っているのが、IT企業です。

ここで大きな疑問を持つ方が多いでしょう。なぜ、自動車の専門企業である自動車メーカーが「量産は2025年以降」といっている技術を、IT企業は「2019〜2020年までに」と言い切ることができるのか、という点です。

その答えは、いくつかあります。

まず、技術面では「手動と自動を行き来しない方が楽」という視点です。オーバーライド機能を先に説明したように、「レベル3」と「レベル4」の間には、ドライバーの運転状態をモニタリングした上で手動と自動を的確に切り替える、という「技術の大きな壁」があります。これについて、IT企業側は「だったら、ずっとレベル5のままにすればいいじゃないか」と考えたのです。その方が、企業側にとってのリスクが減るという考え方です。

しかし、ここでさらに疑問が浮かぶはずです。「どうやって、いきなりレベル5が可能な技術を一気に量産化できるのか？」という点です。それについては「最初は、安全性を十分に確保した限定されたエリアでやればよい。その場合、遠隔操作や遠隔での管理をすればよい」という解釈を示しています。

また、ＩＴ企業が目指す完全自動運転「レベル５」によるビジネスモデルは、公共交通を対象とした考え方に基づいています。電車やバス、またはタクシーと同じような交通手段です。

イメージとしては、東京の台場地域を走る、運転手がいない無人運転の新交通システム「ゆりかもめ」のようなものです。「ゆりかもめ」には物理的な軌道がありますが、完全自動運転「レベル５」のバスやタクシーは、地図データや通信によって「目に見えない軌道」の上を走るのです。

そうなれば当然、乗車する人は運転免許が必要ありません。

要するに、ＩＴ企業が考案する「レベル５」の完全自動運転と、自動車メーカーが乗用車や商用車向けで開発を進めている自動運転では、使用される目的が違うのです。

ただし、グーグルのように「いきなりレベル5」を想定して巨額の開発資金を投じて、公道でのデータを集約した「ビッグデータ」は「いきなりレベル5なんて当分先の話」と考えていた自動車メーカーにとっては宝の山です。

そうした中で、第一章で紹介した、ホンダとグーグルから子会社化された「ウェイモ」の技術提携の検討が始まったのです。

IT大手の本当の狙いは「70億人の5W1H」

それにしても、どうしてグーグルやアップルなど世界のIT大手が、いきなり自動運転を含めた自動車産業に参入してきたのでしょうか?

その答えは、彼らの狙いが〝個人情報〟という膨大なビッグデータにあるからです。

ビッグデータを語る上で、重要な言葉があります。皆さんは、「ＩｏＴ（アイ・オー・ティィ）」という言葉を聞いたことはあるでしょうか。「Internet of Things」の略で、日本語では「モノのインターネット化」と表現されます。すべてのモノがインターネットにつながり、その中で個人情報が共有されるという考え方です。車も「ＩｏＴの一部」なのです。

車という商品は、これまで生活の一部ではありましたが、家、会社、そして学校などの生活の場とは切り離された空間でした。それが、通信によってコネクテッド（情報がつながる）したことで、「車の存在価値」が大きく変わったのです。

それを自動運転でコントロールすれば、情報を管理する側にとっては乗車する人に対して「効率的に情報を収集し、そして情報を伝達すること」ができます。

そもそも、グーグルやアップルは、こうした「車のＩｏＴ化」の中で最良のポジションにいるのです。個人が持つ情報端末、スマートフォンでは、それぞれアンドロイドとｉＯＳという技術的なルールである、ＯＳ（オペレーティング・システム）を提供しています。また、情報の集積と解析を行うクラウドビジネスを世界規模で手がけているではないですか。

グーグルもアップルも、自らが自動車メーカーになる、とは宣言していません。確かに、両社はこれまで、巨額の資金を投じて自動運転や電気自動車の開発を行ってきました。しかし、それは完成車メーカーになるための準備ではありません。車を使ったビッグデータのビジネスを構築するための、壮大な実験だと見るべきです。

彼らの本当の狙いは、自動運転を介して、全世界の人々の行動を常に把握すること。人々の、いつ、どこで、誰が、何を、どのように、なぜ（5W1H）をデータ化することなのです。

こうしたビジネスの手法は、マイクロソフトやIBMでも開発が進んでいます。また、アマゾンも、自動運転に関してクラウドビジネスを用いて深く関係しています。

日本でも、ITや電機メーカーの大手企業が自動運転の技術開発をしていますが、アメリカのＩＴ超大手企業が目論んでいるような、壮大なビッグデータビジネスの領域での存在感は薄いのが実情です。

ディー・エヌ・エーとソフトバンクの「レベル5」の狙い

日本での完全自動運転では、最も目立つ存在がゲーム関連企業のディー・エヌ・エーです。第1章でも、ヤマト運輸と提携する実証実験「ロボネコヤマト」を紹介しました。

私はディー・エヌ・エーのオートモーティブ事業部の幹部とは、これまでさまざまな会合で「完全自動運転というビジネスの可能性」について意見交換してきました。そのなかで、ディー・エヌ・エー側がよく使う言葉は「スマホ前夜」です。

つまり、完全自動運転など、自動車に関する新たなるサービスが日常生活で当たり前になる時代が、目の前にあるということです。ガラケーからスマホに転じた際に世の中が急激に変わったような、巨大な社会変化が訪れると予測しているのです。

ディー・エヌ・エーの収益構造は、ゲームや電子取引が主体です。そこに、海外でのゲームビジネス、任天堂などとの連携、そして新たなる事業の柱を加えるという、中長期の経営戦略を描いています。その新しい事業の大きな柱が、車です。ロボネコヤマト、ロボットタクシーのほか、私有地での完全自動運転「ロボットシャトル」、個人間のカーシェアリング「エニカ」、1日単位で月極駐車場を貸したり使えたりする「アキッパ」などの事業を進めています。

ディー・エヌ・エーではこうしたビジネスを、モビリティサービスプロバイダー（移動サービス提供者）と呼んでいます。

また、2017年1月には、日産と完全自動運転の開発を目的とした実証実験を開始すると発表しました。まず、2017年に国家戦略特区での開発を行い、2020年までに首都圏での実証実験を目指すといいます。

もう1社、ITベンチャーで完全自動運転の量産化を目指しているのが、ソフトバンクが2016年4月に子会社として設立した「SBドライブ」です。東京大学生産技術研究所の学内ベンチャー「先進モビリティ」が持つ自動運転の技術と、ソフトバンクが持つ通信基盤やビッグデータの解析技術を融合した企業です。

具体的なビジネスとしては、公共バスの自動化が主体となる模様です。2017年から全国各地の地方自治体と連携した実証実験を本格化させる計画です。

SBドライブの佐治友基社長に直接お聞きしたところ、車両の自社開発だけでなく、自動車メーカーやバス・トラックメーカー向けの自動運転機器を開発するなど、さまざまな事業を展開するといいます。また将来的には、グーグルやアップルのように、クラウドビジネスを駆使した大規模なビッグデータビジネスの可能性があると考えられます。

さらに、モビリティサービスプロバイダーとしても、ソフトバンクは大きな可能性を秘めています。スマートフォンなどの通信事業や電力事業などで、独自の店舗でユーザーと対面でビジネスを行っています。そこに自動運転やカーシェアリングなど、さまざまな移動体ビジネスを追加することも十分に考えられるからです。ディー・エヌ・エーとSBドライブ以外にも、自動運転をきっかけに新たなるIT企業の自動車産業への参入が起こり、結果的に自動車業界全体が活性化することを期待したいと思います。

2017年は自動運転元年

ずばり、2017年は自動運転元年となります。日本各地で自動運転に関する本格的な実証実験が始まるからです。その期間は2019年度末までの約3年間です。

最も規模が大きな実証実験は、内閣府の「SIP」によるものです。SIPとは、「戦略的イノベーション創造プログラム」という、日本の科学技術の発展を産学官で連携して一気に推し進めようとする国の秘策。11個の課題のうちのひとつが、自動運転です。

ここでは、自動車の法整備を行う国土交通省、ビジネスプランを検討する経済産業省、通信に関する法整備を行う総務省、そして警察庁が連携するというスペシャルな体制を敷きました。当然、日系自動車メーカーは全社参加していて、最新の実験車両を持ち込んでいます。

ＳＩＰではこれまでにも、自動車メーカーが個別に公道実験を行ってきましたが、２０１７年からは社会実装の実現に向けて、一気にアクセルを踏みます。驚くべきは、実証実験を行うエリアの広さです。第1章のトラックのカルガモ走行で紹介しましたが、東名高速、新東名高速、首都高速、常磐自動車道をフル活用します。

また、一般道では２０２０年の「東京オリンピック・パラリンピック」を念頭に、東京臨海地域の周辺で行います。この他、茨城県の日本自動車研究所の敷地内に、市街地を模した自動運転専用のテストコースも開設しました。

こうしたＳＩＰの実証実験で、実験の当事者は自動車メーカーが主体です。そのため、これまで説明してきたように、自動運転の自動化レベルを徐々に引き上げていくタイプのものです。

一方で、「いきなりレベル5」の実証実験も2017年から始まります。経済産業省が行うスマートモビリティシステム研究開発・実証事業での、ラスト・ワンマイル自動走行です。

ラスト・ワンマイルについては、第1章のロボネコヤマトの項でも紹介しましたが、自宅や会社のすぐ近所の「ちょっとした移動」を指します。

使用する車両のイメージは、小型カートや小型バス。ディー・エヌ・エーやSBドライブなど、ITベンチャーの参加が見込まれています。

こうしたさまざまな自動運転の実証実験が、2017年から一気に始まります。日本だけではなく、世界各地で自動運転の本格的な量産化を目指す、政府や行政機関が行う大規模な実証実験も行われます。そして、世界各国の自動車メーカーが自動車産業の大変革期を上手に乗り越えようと、自動運転機能を装備した新型車を発表します。

そのため、2017年はテレビやネットなどで自動運転に関する報道が急増することが予想されます。その時に、それらが「いきなりレベル5」なのか、それとも「自動車アセスメント」を意識した自動車メーカーの動きなのかなど、一般の人が見極めることで、社会における自動運転に対する理解が深まるのだと思います。

第4章

乗り越えなければならない多くの課題

自動運転は自動車ではない？

もともと、自動車の「自動」とは、自動運転の「自動」ではなく、「自らが自由に動き廻れる」という意味での「自動」です。

日本語の「自動車」の語源は、英語の「オートモービル」です。「オート」とは「自らで」を示し、「モービル」は「自由に動き廻れる」を意味します。

19世紀後半に登場した自動車は、当時の主流な移動手段だった汽車に比べると、「いつでも、どこへでも、自分の好きな時に」移動できることが利点となり、普及が進みました。

また、道を移動する手段として馬車も使われていましたが、乗用というよりは小型のバスやタクシーとしての商用が主流でした。動力源が生き物である馬なので、気象状況や馬の体調によって、走行できないケースが多くあり、利便性は高くありませんでした。

こうした問題を一気に解決してくれたのが自動車です。

その自動車がいま、「自動運転」という時代の大きな節目に差し掛かったのです。自動運転の「自動」とは、「運転者自らが運転に関わらない」という意味です。

つまり、自動運転は約130年間の自動車史を根底から覆す、まったく新しい自動車の姿なのです。そのため、自動運転が、現実の社会で車を本格的に走行させる場合、さまざまな問題が起こるのは当然です。

そうした自動運転に対するそもそも論が、国際的に協議されていますが、世界各国の足並みはまだ揃っていません。

協議の場は、国連です。国連の傘下に、欧州経済委員会があります。さらにその中に、道路交通安全部会（WP1）という組織が作られています。欧州経済委員会には2017年初めの時点で、30の協議組織があり、WP1はその1番目という重要な位置付けです。

WP1で協議されているのは、世界各国が加盟している道路交通に関する国際条約の改定についてです。条約は2つあり、1949年に締結されたジュネーブ条約と、1968年に締結されたウィーン条約です。

両条約には「ドライバーはいかなる時も車両を制御できなければならない」という一文があります。

つまり、自動車を運転するのは運転者自身だ、ということです。

この、自動車に関する「基本中の基本」が、自動運転では通用しません。完全自動運転「レベル5」の時は当然、乗車している人は車両の制御をまったくしません。また、条件付き自動運転「レベル3」から、高度な自動運転「レベル4」へ転換する「オーバーライド」によって、「いかなる時も」という条約の考え方に反してしまいます。

そのため、国連では両条約に「オーバーライドと（自動運転を停止する）スイッチオフが可能な場合は本条約に適合するものとみなす」という例外規約の追加を協議しました。

その結果、ウィーン条約では一部改定案が承認され、2016年に発効しました。しかし、加盟国数が多いジュネーブ条約では未承認です。理由は、加盟国の無投票に対する扱い方の違いです。改正には加盟国の3分の2以上の合意が必要なのですが、ウィーン条約では無投票は賛成票、一方のジュネーブ条約では反対票になるからです。ジュネーブ条約の改正にはまだ時間がかかりそうで、自動運転の普及への影響が懸念されます。

事故の際、誰の責任？

自動運転で事故が起こったら、それは誰の責任になるのでしょうか。

その答えは、ケースバイケースだと考えられます。

ひとことで自動運転と言っても、さまざまな種類があります。第3章では、自動運転は運転の一部を支援するタイプから自動化レベルの技術革新が徐々に進むものと、完全自動運転に大別できることを、詳しく紹介してきました。

　前者の場合、事故の際の責任は、自動化のレベルによって違います。ＳＡＥの自動運転の定義によると、「レベル２」以上の場合、操作の主体がドライバーではなく「車のシステム」とされています。それを鵜呑みにすれば、「レベル２」以上で事故が起こった場合、「事故の責任はドライバーにはない」という判断ができます。

　しかし、「環境の監視」という項目では、「レベル３」以上が「車のシステム」となっています。そのため、「レベル２」で走行中に、ドライバーが監視を怠っていて事故が発生すれば、事故の責任はドライバーにあるかもしれません。

「レベル４」以下の場合、あくまでも簡易的な自動運転であり、運転の補助です。ドライバーがある程度、事故の責任を取る必要があると考えられます。

　一方、完全自動運転の場合、事故の際の責任は誰にあるのか。これは、これまでの自動車の考え方に合致しない、極めて特殊な事例です。

　この難題の答えにつながるようなやり取りが、グーグルとアメリカのＮＨＴＳＡ

の間で行われました。

以下は、国土交通省による日本語訳です。

グーグルが２０１５年11月12日付けで提出した質問。

「無人運転（完全自動運転）の場合、自動車の安全基準における『運転者』とは何を指すのか？」

ＮＨＴＳＡの２０１６年２月４日付けの返信。

グーグルの無人運転者に限ったものであり、状況に応じて解釈は異なるとした上で、
①人でないものが車を運転し得るのであれば、それが何であれ、『運転者』とみなすのが妥当
②この場合であっても、自動車の安全基準をすべて満たす必要がある
③今後必要に応じ、運転者＝システム（人工知能）との解釈を前提に、安全基準作成のための課題を検討する

このNHTSAの返信に対して、国土交通省では「無人運転車に関する連邦安全基準の解釈の考え方を回答したに過ぎず、現段階で運転者がいない無人運転を容認するものではない」との見解を示しました。

最も怖いのは、手動運転との混走

世の中を走る車がすべて完全自動運転になれば、理論上の交通事故者数ゼロの世界が実現できるかもしれません。

問題は、そうした理想的社会に到達するまでの移行期です。その間は、さまざまな自動運転の種類の車が混走します。SAEの自動運転の定義で考えると、普通の車である手動運転「レベル0」と、簡易的な自動運転の「レベル1」「レベル2」「レベル3」、さらに高度な自動運転の「レベル4」、そして完全自動運転「レベル5」の車が、街中や高速道路でゴチャマゼになりながら走るのです。

そうした状況になった場合、運転者はどのような気持ちになるのでしょうか。

実例として、アメリカの大手自動車部品会社デルファイが2015年4月に行った、簡易自動運転車での全米横断テストでの模様を紹介します。車両はドイツ製のSUV（スポーツ用多目的車）で、サンフランシスコからニューヨークのマンハッタンまで、15の州と地域を合計9日間かけて走行しました。総走行距離は5472キロメートルに及び、そのうち99％で自動運転機能を使ったということです。

このテスト車に乗車したデルファイのエンジニアに2015年夏、テスト実施当時の様子を聞いたところ、「精神的にとても辛かった」と本音を漏らしました。

「とにかく、走行中に何度も『こんなこと』をされたから」と言いながら、右手の中指を上に向かって突き出しました。これは、アメリカで相手を侮辱する時に使うジェスチャーで、テレビ放送では放送禁止行為のひとつです。

一般道路では「なにをノロノロ走っているんだ！」、高速道路のフリーウエイでは「追い越すのだったら、もっとスピードを上げて一気に追い抜け！」といった状況が何度もあり、手動運転の「レベル0」のドライバーたちから「邪魔者扱いされた」のです。

「追い抜きざまに、『こんなこと』をして、こちらを睨みつけるドライバーが大勢いて、こちらの心が折れてしまった」と言うのです。

このように、現実社会では、制限速度を正しく守って走行している車は極めて少ない、というのが実情です。また、高速道路への進入や、料金所の先など急激な加速が必要な状況で、ここぞとばかりにアクセルを全開にする光景をよく目にします。

自動運転は、道路交通法を正しく守り、また最良の燃費や、電気自動車ならば電費を考慮したやさしい運転を確実に実行します。皮肉にも、そうした自動運転の姿が、現実社会における交通状況のいい加減さを露呈してしまうのです。

最悪の状況での「究極の選択」

冬のある平日の朝、小雪が舞う北国の主要駅。通勤通学の人たちが大勢行きかう駅周辺の大きな交差点で、車、自転車、歩行者などを巻き込む多重衝突事故が発生したとします。

事故発生とほぼ同時に、あなたが乗った自動運転の車が差しかかりました。路面は凍っていて滑りやすくなっています。急ブレーキをかけても、ハンドルを左右どちらに切っても、衝突を回避することは難しそうです。歩道側に避けようとしても、そこには自転車に乗った人たちや、小学生の列が見えます。

最悪の状況に遭遇した自動運転は、どのような判断を下すべきでしょうか。

こうした「究極の選択」について、自動運転の研究開発に携わる人たちのなかで議論が行われています。

ただし、これは技術や科学に関してではなく、倫理についての議論です。

当然ですが、そう簡単に答えが出る訳がありません。

「レベル5」の完全自動運転の場合、運転の主体は車側のシステムにあるため、「究極の判断」は人工知能が行うようになります。人工知能の世界では近年、人間の脳と同じような学習効果を生む「深層学習（ディープラーニング）」の研究が進んでいます。

しかし、人工知能における倫理については、研究者のなかでも定義がない状況です。日本人工知能学会でも2016年、初めて倫理委員会を設置し、人工知能における倫理のあり方について議論を深めています。

また、「レベル3」と「レベル4」を行き来する自動運転の場合、運転の主体が車側のシステムと運転者の双方にあるため、倫理についての解釈はさらに難しくなります。

例えば、「究極の選択」を迫られた瞬間、車側のシステムが自動運転を自ら解除し、

「意思選択の最終判断」を運転者にいきなり言い渡すという、乱暴なやり方は社会の常識として認められません。

自動運転に関して、乗り越えなければならない多くの課題がある中で、倫理に関することが最も難しいと思います。

自動運転という移動のシステムを社会に導入しようと試みているのは、人間です。

つまり、自動運転に関する倫理とは、人としての倫理の問題です。

「正しいのか、間違っているか。それとも、正誤をつけることができないものなのか」

自動運転に携わる人々が、人として自動運転とどのように付き合っていくべきかを、さらに深く話し合う必要があります。

アメリカでの重大事故が大きな教訓

倫理とともに、自動運転に関する大きな課題として、社会受容性があります。社会受容性とは文字通り、自動運転を社会のなかでどのように受け入れるか、ということです。

自動運転の社会受容性について、さらに深く考えるべきだと強く印象付けた事故が2016年5月、アメリカのフロリダ州で発生しました。日本でも大きく報道された事故でしたので、ご承知の方も多いと思います。

自動運転「レベル2」で走行していた、アメリカの電気自動車ベンチャーのテスラ「モデルS」が大型トレーラーと衝突し、テスラを運転していた40代の男性が死亡しました。

事故現場はUS－27Aという片側2車線の国道で、中央分離帯は広い緑地帯という、アメリカの郊外では一般的な道路形状です。

事故は日曜の午後、晴天の中で起こりました。テスラは直進しており、そこに反対車線の大型トレーラーが右折し、テスラ側からみると、目の前に大きな壁が出現したような状況になりました。しかし、テスラの車載システムがトラックを認識せず、そのまま激突しました。

事故の原因について、テスラ側は「(自動運転機能の)オートパイロットも、テスラの運転者も、トレーラーの側面が白色で、晴天による明るい空と識別できなかったため」と説明しています。

また、「オートパイロットは自動運転ではなく、運転支援システムであり、運転手は常にハンドルに手を添えた状態で、走行状況を監視する必要がある」と補足しています。

実は、この運転者はテスラの熱狂的なファンで、「オートパイロット」を使用した様子を動画サイトなどで公開していました。そうした画像の中で、ハンドルから両手を離している状態で運転し、カメラに向かって走行状況を解説していました。

今回の事故は、画像認識の技術が発展途上であること、さらに運転者に自動運転に対する思い込みと、簡易的に自動化された走行に対する過信があったことが大きな課題になりました。

この事故を受けて、日本の警察庁交通局が2016年7月、次のような声明を発表しています。

「テスラのオートパイロット機能を含め、現在実用化されている『自動運転』機能は、運転者が責任を持って安全運転を行うことを前提とした『運転支援技術』であり、運転者に代わって車が責任を持って安全運転を行う、完全な自動運転ではありません」

さまざまな自動運転のレベルの車が今後、世界各地で量産され、手動運転「レベル0」の車と混走するシーンが益々増えていきます。そうした中で、人々が「自動運転とは何か？」を正しく理解すること、そして国や自動車メーカーがそれを正しく伝えること。

つまり、社会受容性が自動運転の普及にとって大きな課題なのです。

自動運転事故の裁判はこうなる？

自動運転で事故が起こり、裁判になった場合、争点はどうなるのか？
そうした課題を検証するため、国は自動運転事故の民事訴訟における模擬裁判を行いました。

経済産業省が委託した「自動運転安全ガイドラインの検討事業」の一環として、2016年2月に東京の明治大学内の法廷教室で実施されました。

事故の想定は、以下のようになります。

・片側2車線の高速道路の左車線を、自動運転「レベル3」で走行
・前方に工事のためのパイロンが出現して、約200メートルの間で左側車線が規制され、右側1車線になる

・「レベル3」で走る当事車は、先行車が減速したことを受けて減速しながら、ドライバーがウインカーを出して自動車線変更

・後続の大型トラックが減速しきれないため、「レベル3」の当事車に後方から接近。さらに、右側車線を時速150キロメートルの猛スピードで直進する車が出現

・「レベル3」の当事車は、大型トラックとの衝突は回避したが、右側車線の後方から急接近してきた車と接触した

この架空事故での争点は、製造物責任法（PL法）による製造者の責任です。自動車に関するPL法では近年、アメリカでエアバッグ問題などで多額の賠償金支払いが発生したことなどで、ご承知の方も多いと思います。

自動運転についても、システム機能の設計の限界を超えた状態で事故が発生した場合、製造者の責任をどのように考えるかが大きな課題です。

今回の模擬裁判は、経済産業省、国土交通省、警察庁のほか、自動車メーカーや

自動車部品メーカーの関係者も傍聴し、実際の裁判になった場合の対応を頭の中でイメージしていました。

日本では本書執筆時点で、自動運転機能を装備した車に関する事故での民事訴訟は起こっていません。しかし近いうちに自動運転「レベル2」の車が多数量産されることは確実で、さらに今回想定した「レベル3」も次々に登場します。それと同時に、完全自動運転「レベル5」の実用化も始まる訳ですから、自動運転における法のあり方、そして事故に関する損害賠償のあり方について、具体的な対応策を早急に打たなければなりません。

そうした現状を、自動運転に携わる関係者が理解するために、今回の模擬裁判の実施は大きな意義があったと思います。

ハッカー対策のサイバーセキュリティ

自動運転を語る上で、データのハッキングへの対応は避けて通ることができません。これは、極めて深刻な犯罪です。

自動車に対する犯罪というと、自動車の盗難が後を絶ちません。その昔は、ドアのガラスの隙間に針金を引っ掛けてドアを開け、エンジンキーを差し込む部分の内側の配線を操作してエンジン始動して逃走、というのが一般的でした。近年になると、イモビライザーと呼ばれる盗難防止の機能がある電子キーシステムが普及しました。それでも盗難は後を絶たず、レッカー車に吊り上げてそのまま逃走という手荒な手段が横行しています。

一方で、自動運転の場合、データのハッキングという犯罪行為が急浮上します。第2章で紹介したように、自動運転では車の外部とデータ通信が常時に接続する「コネクテッドカー」の機能が高まります。この通信に対して、ハッキングを行いデータを改ざんすれば、車の動きはハッカーの思い通りになります。

自動運転に限らず、近年は「コネクテッド」技術を搭載する新型車が数多く市販されており、自動車メーカーとしてはデータのハッキングの対策を打ってきました。ところが、2013年から2015年にかけて、アメリカで新型車に対する大胆なハッキング行為が公開され、自動車産業界では大問題となりました。

そのなかで最も大きなインパクトがあったのが、2015年にFCA（フィアット・クライスラー・オートモービルズ）の、ジープブランドのSUVで発生した事案です。

ある人物がインターネットラジオや音楽配信サービスなど車に搭載されたエンターテインメントの通信サービスを介して、車の走行を管理するコンピュータのネットワークに侵入してしまいました。そして、車から少なくとも数百メートル離れた位置から、パーソナルコンピュータを使い、アクセル、ブレーキ、ハンドルを遠隔で操作したのです。この一連の行為を、動画にまとめて、ラスベガスで毎年開催されているハッカーによる国際イベントで公開したのです。

首謀者は、その当時、アメリカのインターネット関連企業に勤めていたふたりの社員。彼らは以前にも、日系メーカーの車をハッキングした動画を公開して世界的な話題となった、ハッカー界の有名人です。

ジープのＳＵＶに対するハッキング情報の公開を受けて、ＦＣＡではハッキングの対象となり得る１４０万台をリコールするという大事になりました。

その後、このふたりのハッカーは、個人所有車をタクシーのようにして利用するサービス、ライドシェアリング大手企業のウーバーが新設した、自動運転技術研究所に転職しています。ライドシェアリングは２０１０年代に入ってアメリカを中心に急速に普及しています。個人所有車を商業利用することについて、法的な解釈が難しいことで、日本などでは普及していませんが、アメリカではこの分野で数多くのベンチャー企業が誕生しています。

アメリカでは、自動車産業界全体でハッキング対策など、サイバーセキュリティへ共同で立ち向かうための組織が2016年に立ち上がりました。

日本でも同様の試みが検討されているほか、総務省が旗振り役となり、車を含めたハッキング対策に取り組んでいます。

とはいえ、ハッキング対策にハッカーを充てることは、IT産業界では常識だ、とも言われています。なんとも奥が深く、外部からは実態がつかみにくい、というのが実情です。

「レベル3」でもスマホ使用OK?

日本では、運転中にスマートフォンを手に持った状態で通話、メール、SNS、そしてウェブページの閲覧をすることは禁じられています。運転中に会話したり、文章を考えたりすることは、運転に対する集中力を低下させ、事故につながる危険性が高くなるからです。

世界に目を向けると、138カ国で日本と同様に運転中のスマートフォン操作は、道路交通法での違反行為になっています。また最近は、ブルートゥースなどの通信によって、スマートフォンを車載システムと連携する装備が増えているにもかかわらず、31カ国で運転中にハンズフリーで会話することが禁止されています。

こうして多くの国で禁止されているのですが、世界各国で様子を見てみると、運転中にスマートフォンを操作している人を目にする機会が多いと思います。

なかでも、アメリカ人に多く見られる印象があります。それがデータでも証明されています。世界保健機関（WHO）が2015年にまとめた資料では、アメリカ人はアンケート調査に答えた日までの30日以内に、なんと69％の人が運転中にスマートフォンを操作していたということです。

こうした違反行為は、自動運転になれば違反ではなくなる、というイメージが一般的に強いのではないでしょうか。自動運転中は、飲食や読書、スマートフォンの利用、そして睡眠など、自宅にいる時と同じような状態になれる、というイメージです。

当然、「レベル5」の自動運転になれば、電車やバスと同じような移動空間になるので、単独または家族など近しい人と乗車している時は、車内での行動が法によって制約されることはほとんどありません。

一方で、「レベル3」での、運転者の車内での自由度について、国連での議論が進んでいます。英語ではこの問題を「セカンドタスク」と呼びます。タスクとは操作を意味し、運転が優先順位第一で、それに次ぐ2つめの操作を容認するかどうか、という意味です。

「レベル3」では、操作の主体と、環境の監視が車側のシステムにあります。そうであるならば、運転者が「セカンドタスク」をこなしても良いのではないか、という考え方です。「セカンドタスク」といっても、実際には運転に直接関すること以外、2つ以上のタスクを意味します。議論が進む「セカンドタスク」ですが、自動運転中の安全運転に対するリスクを増加させる要因になる可能性もあり、なんらかの条件が付くことも考えられます。

自動車メーカーは「レベル3」の実現を2020年前後と想定しています。もしかすると東京オリンピック・パラリンピック開催時には、車内での「セカンドタスク」が当たり前になっているのかもしれません。

高精度三次元地図の早期実現

自動運転を安心して、そして安全に実行するには、普通のカーナビゲーション用よりさらに高精度な地図情報が必要になります。

その理由について、簡単に説明します。

まず、運転の基本から考えます。人が車を運転するということは、「認知・判断・操作」という三段階の行為を経ます。「認知」とは視覚・聴覚などの五感です。「判断」とは、見たり聞いたりした情報を運転に結びつけるための処理をすることです。

そして、「操作」とはアクセル、ブレーキ、クラッチ、ハンドルなどの装置を動かすことです。

これを自動運転に置き換えて考えます。すると、「認知」はカメラやレーダーなどのセンサーが行います。そこでセンシング（認知）されたデータを基に、コンピュータを使って計算します。計算の過程で、地図のデータベースとの照合を行います。具体的には、基本となる地図情報と、センシングしたデータとの差異から、車の現在位置やこれから先に進むべき方向や速度、加速度を算出します。これが「判断」というステージです。そして、判断からの指示によって車の「操作」機器を作動させるのです。

このように、判断する際に重要な地図情報は、自動運転の精度を上げるための要なのです。

その上で、自動運転用の地図の整備が大きな課題となっています。

現状では、認知するためのセンサーの種類や数、そしてセンサーシステムの構成などが、自動車メーカーなど自動運転の開発者によってバラバラです。そのため、センシングされたデータを活用するための、地図の精度や地物《ちぶつ》と呼ばれる地図上にあるさまざまな物体の情報に関する表記方法も統一されていません。

また、すべての地物を把握するためには、地図会社が自らセンサー機能を持った情報収集車を走行させる必要があります。しかし、日本全国の情報をくまなく収集するには膨大なコストが必要です。ある試算では、約1000億円とも言われています。

さらに地図情報を常に更新する必要がありますが、高い精度が求められる自動運転用の地図では一般的なカーナビゲーション地図より更新の頻度も高くなるため、そこでもまたコストがかさみます。

そうした中、政府、自動車メーカー、地図会社のオールジャパン体制で、自動運転用の高精度三次元地図を構築する計画が着実に進んでいます。名称を、ダイナミックマップといいます。これは、前述した内閣府の戦略的イノベーション創造プログラム、SIPの一環です。

その上で課題となっているのは、ダイナミックマップと、世界の主要地図メーカーが作成する計画の高精度三次元地図との連携です。世界最大手はドイツのヒアで、ダイムラー、BMW、VWグループが共同で所有しています。

また、オランダのトムトムはアップルのiPhone用の地図を提供する大手です。ヒアとトムトムはそれぞれ独自の手法で高精度三次元地図を構築しています。本来ならば、自動車運転用の地図は世界で統一されるべきですが、国や企業間での合意までには至っておらず、今後の動向が注目されます。

第5章

高齢ドライバーと自動運転

高齢者の事故の解決策＝自動運転という発想は正しいか？

2016年後半、テレビ、新聞、ネットで高齢ドライバーによる悲惨な事故の報道が相次ぎました。それを受けて、「高齢ドライバー事故の対策」についての番組や雑誌の特集記事も急増し、私も出演や執筆を担当しました。

そうした番組スタッフや雑誌の編集者から提案される企画は、どこも似通っていました。前半に、高齢ドライバーの事故の実例の紹介と高齢ドライバーの事故が増えている社会的な背景を紹介し、中盤では、こうした社会情勢を受けて、高齢者の運転免許証の「自主返納」についての現状と今後を説明。そして後半になると、自動運転が登場するという流れです。

高齢ドライバーの事故を減らすための議論のたたき台として、社会現象の把握や法整備に対する理解だけでなく、最新技術の筆頭である自動運転についても視聴者や読者が認識するべきだと考えているのです。

ただし、実際の放送や雑誌の誌面になると、自動運転が後半になって唐突に登場しているイメージを強く受けることがありました。特にテレビ番組では、生放送のCMに入る前に、司会者が「こうした課題を、自動運転がなんとかしてくれますよね？」というニュアンスの発言をしたりします。

また、録画収録では、私が「高齢ドライバーの事故を減らすためのひとつの手段として自動運転も考えられます。そこには大きく2つの流れがあります」と話した部分がカットされていたり、収録分とは別に編集されたVTRでの簡単な説明に置き換わることもありました。

そうした番組や雑誌特集の流れのなかで、〝完全自動運転〟と〝自動運転の自動化レベルを技術進化に応じて段階的に引き上げていく〟という、2つの流れが区別されていないことがありました。

自動運転に対する正しい情報が、視聴者や読者に対して明確に伝わらなかったのではないかと、私自身も反省しています。

本書でも各章で説明したように、自動運転の現状を正しく理解することはとても難しい状況です。一般的に「自動運転はなんでもしてくれる魔法の杖」というイメージが先行していますが、現実的には自動車産業界とＩＴ産業界が未来のビジネスの主導権争いを激化させているという面も強いのです。

そのうえで本章では、自動運転は高齢ドライバーに対してどのような利点があるのかを、皆さんと一緒にじっくり考えてみたいと思います。

認知、判断、操作のなかで何を支えるのか？

地図情報のお話でも紹介したように、自動運転は人間が運転する時と同じように、「認知・判断・操作」という行為を繰り返しています。

これを、高齢者の立場になって考えてみましょう。

一般的に想像がつくように、高齢者は認知・判断・操作のすべてにおいて反応する時間が若い時と比べて遅くなります。高齢者自身もそうした認識があります。これは、加齢によるものに加えて、さまざまな病気による影響によって起こります。その上で、自動運転は高齢ドライバーにとって、どのように有益なのでしょうか。

まず「レベル5」の完全自動運転ですが、この場合は高齢者がドライバーという位置付けというより、乗車している人であるため、運転に対する認知・判断・操作とは直接的なつながりはありません。要するに、乗っているだけの状態です。

一方で、自動化レベルを徐々に引き上げていくタイプの自動運転の場合、「認知」については車のセンサーが高齢ドライバーの目や耳の機能を補助してくれます。レンズから外部の光を受けて画像を認識する考えでは、人間の目と同じような構造で作られているカメラが重要です。それを2つ使うステレオカメラでは、まさに人間の目と同じく左右の画像に映る位置の差で、奥行き感や立体感を構成します。

次に「判断」では、高齢ドライバーの脳の機能を、中央演算装置（CPU）や画像認識に優れた演算装置（GPU）などが強力にサポートしてくれます。

そして「操作」では、的確な速度と操作量でアクセル、ブレーキ、ハンドルを動かしてくれるため、筋力の衰え、また膝、肘、指の関節などの痛みがあることが多い高齢ドライバーにとって、極めて有効です。

このように、自動運転の自動化レベルが徐々に上がることは、高齢ドライバーにとって、運転がどんどん楽になることを意味します。

もちろん、楽になったからといって、運転中の外の環境に対する監視の目を緩めてはいけません。

また繰り返しますが、「自動運転はなんでもやってくれる」という錯覚や過信をしてはいけません。認知・判断・操作に対して、自動運転の支援が極めて効果的であるが故に、高齢ドライバーはついつい、そうした気持ちになりがちです。それを、高齢ドライバー自身、また家族など周囲の人たちも十分認識するべきです。

さらに、高齢ドライバー自身、または周囲の人たちにとって大きな課題となるのが認知症です。認知症の場合、認知・判断・操作という一連の行為に対して大きな影響を及ぼす可能性があります。ただし、本書の執筆時点では、認知症と自動車の運転の因果関係については、医療関係者の間でもさまざまな意見があり、政府が中心となり今後さらなる議論が必要です。

そうしたなか、道路交通法では、70歳以上の人が運転免許証を更新する際、高齢者講習を行い、また75歳以上の人には認知機能検査を義務付けています。2017年3月には改正道路交通法が施行されます。それにより、一定の違反行為をした場合、更新から3年後の次の更新を待たず、臨時の認知機能検査を行うなど、記憶力・判断力が低下している人に対して大きく踏み込んだ内容の制度となります。

こうした検査を経て、医師によって記憶力・判断力が低下していると診断された場合、運転免許証を自主返納しなければなりません。そうなってしまった高齢者にとって、自動運転は自分が運転しない乗車員となる「レベル5」の完全自動運転のみとなります。

走行シーンで考える自動運転の役目

では、記憶力・判断力が低下していると診断された人以外の高齢ドライバーにとって、自動運転の自動化レベルが向上することは、どのような運転シーンで有効なのかを見ていきましょう。

① 逆走

あるテレビ番組でご一緒した、NPO法人高齢者安全運転支援研究会の岩越和紀理事長が、番組の中で、高齢者の逆走を起こす原因を3つ紹介しました。最初に挙げたのは、なんと「横着によるもの」。つまり、正常な意識のなかで行っている交通違反です。

例えば、通い慣れた道の赤信号のある交差点で右折する場合、その手前のコンビニの駐車場をショートカットしたり、またはあまり知らない道でも「ここは近道では？」と思って標識を見ないで曲がったら一方通行だったというケースなどです。私自身も、逆走の原因の第一に「横着」という解釈があることに、正直驚きました。

2番目の原因は、標識や表示などが不十分で、それを見落としてしまうケースがあるというもの。そして3番目として、記憶力・判断力が低下している人が、自分自身が逆走していることをまったく気付かないというケースです。

こうした、逆走を引き起こす3つの原因に対して、自動運転は極めて有効に働きます。

具体的には、ETC2・0などの「車と道路側」との通信によって、逆走した場合に車内のシステムからドライバーに警報を鳴らして停止をうながします。それでも停止しない場合、強制的にアクセルを緩め速度を落とし、最後にはブレーキをかけて、路肩に停止させます。

道路側に通信機器がない場合でも、GPSなどの衛星測位システムで現在位置、走行速度、そして走行の方向が分かります。そこに地図情報を照らし合わせて、現状が逆走だと車側のシステムが判断すれば、警告、そして減速と停止を行います。

一方で、通常の走行を行っている車に対しては、逆走車が接近していることを知らせて、安全な状態での停止を行います。また今後、車やスマートフォンに搭載される衛星測位の精度が現在の数メートル級から数センチメートル級になることが確実であるため、逆走車が急接近した場合、衝突を回避する方向へ自動でハンドルを切ることも可能になります。

そして当然のことながら、「レベル5」の完全自動運転が逆走することはありません。それでも逆走した場合、それはシステムの故障、または先に紹介したようなハッキングによる妨害行為かもしれません。そうした事態に陥らないためにも、「レベル5」の完全自動運転では万全のセキュリティ体制が必要なのです。

②駐車時でのアクセルとブレーキの踏み間違い

この対策について、車が停止している状態では、高度な運転支援システムとして量産化されています。コンビニの駐車場で、車止めを乗り越えてそのまま店内に激突する、といった行為は、こうしたシステムを搭載していれば発生する可能性は極めて少なくなります。

技術的な仕組みとしては、いわゆる「自動ブレーキ」と呼ばれる、衝突被害軽減ブレーキの考え方を応用したものです。カメラやレーダーを使い、前方の障害物の位置を認知し、仮にアクセルを踏み込んでもエンジンの回転数が上がらないように、エンジンを制御するコンピュータに指示を出します。

このシステムは今後、車の後方についての量産化が進むでしょう。なぜならば、日本の場合はアメリカなどと違い、縦方向に駐車する場合、後退しながら駐車するケースが多いからです。

駐車に関しては、「自動バレーパーキング」も有効です。バレーパーキングとは、高級ホテルや高級レストランで、お客さんが正面入り口で降りた後、駐車の係員がお客さんに代わって駐車することを言います。それを自動運転で行うもので、アメリカや欧州の新型車の一部ですでに量産化されています。

現在は、車を目の前にしながらスマートフォンを使った遠隔操作をするタイプがあります。欧米の大手自動車部品メーカーが2013年頃から、自動車メーカーに対する売り込みを本格化して、世界各地のモーターショーなどでデモンストレーションを行っていました。

今後は、「レベル4」の自動運転で、スマートフォンなどで指示をしなくても、車のシステムが空いているスペースを見つけて自動バレーパーキングが可能になります。日本では、経済産業省が行う実証実験の枠組みの中で、専用空間での試みが行われる予定です。

自動バレーパーキングの普及が進めば、一般的に高齢ドライバーにとって苦手と言われる駐車の操作から、高齢ドライバーは解放されます。さらに、駐車時のアクセルとブレーキの踏み間違いもなくなります。

③ 運転中の操作ミス

アクセルとブレーキの踏み間違いは、駐車の時だけに起こるのではありません。高齢ドライバーに限った話ではありませんが、運転中に緊張する場面でも起こる可能性があります。

例えば、交差点で右折する時です。右折の専用車線がある場合よりも、専用車線がなく、後方の車から「あなたが道をふさいでいるんだ。とっとと曲がってくれよ」というプレッシャーがかかるような場面です。反対車線の車の流れが切れる隙を狙って、「行くべきか、行かざるべきか」といった緊張している状況で、慌ててアクセルとブレーキを踏み間違えるケースが実際に起こっています。

このような場面で、自動運転機能が高い「レベル」の車では、対向車の動きをしっかりと捉え、間違ったタイミングでアクセルを踏んでも前進しないようになります。車側の画像認識の技術、また「車と車」「車と道路側の設備」とが常に通信する技術、そして先に紹介したＧＰＳなどによる精度の高い衛星測位の技術などを総動員して行います。

こうした自動運転の利点は当然、アクセルとブレーキ以外で運転の操作のひとつであるハンドル操作でも有効です。高齢ドライバーが不得意とするケースが多い急カーブで、ハンドル操作ミスをすることを防ぐ、または仮に操作ミスしてしまっても最悪の状況を防ぐように回避することが可能です。

最大の効果は、行動を「先読み」すること

このように、自動運転では高齢ドライバーが現在起こしている事故に対して、直接的な効果があります。

ただ、ここまで紹介してきたことは、人間が走行中のシーンそれぞれで困っていることを、自動運転がその場で代わりに行うという考え方です。目の前で起こっている状況に対して、認知・判断・操作するということです。

この「目の前」とは肉眼、カメラ、そしてレーダーのいずれも前方200〜300メートルまでが、注意することができる範囲、または十分なデータをとることができる範囲だと、自動車メーカーでは考えています。高齢ドライバーになれば、視力の衰えなどによって、その範囲は距離が短く、視野としては狭くなっています。

そうした「目の前の、さらに先」の情報を知ること、つまり「先読み」をすれば、運転の安全性が上がることは確実です。それを、自動運転は可能にするのです。

これを実現するのに重要なのが、第4章で紹介した高精度な三次元地図です。地図をデータが集まったものとして捉える考え方です。

例えば、これから向かう先の天気の詳細情報と、それに伴う路面の状況や、視界の状況を自動運転する車に通信によって知らせます。また、事故が多発している地点を通過する場合、過去に発生した事故と近い状況になりそうだと判断すれば、その手前で停止することもあります。

現在でも、ドライバーは走行前や走行中に、テレビ、ラジオ、ネットなどを通じて気象情報や渋滞情報を事前に知ることで、途中で休憩する場所を推測するなど心の準備をします。それが高齢ドライバーになると、情報の収集にかかる時間、情報の収集量、そして情報が変化した場合の臨機応変な対応などで、若いドライバーと比べると劣ってしまうと考えられます。

こうして自動運転は、「レベル5」の完全自動運転だけではなく、ドライバーが主体となって運転する自動化レベルの状況でも、「先読み」の機能と精度は今後、着実に上がっていきます。さらには、車のシステムの人工知能化が進むと、ドライバーの運転パターンを認識して、過去にあった間違いを犯さないように学習します。

人工知能と「先読み」機能の進化と融合することが、高齢ドライバーにとって大きな心の支えになることは間違いありません。

後付けの自動運転機能の装置は実現可能か？

自動車産業界の関係者にとっては「ついにここまで来たか！」という印象を持つニュースが飛び込んできました。

国土交通省は２０１６年12月、主に高齢ドライバー対策として自動車メーカー14社に対し、いわゆる自動ブレーキなどの高度な運転支援装置の新車への導入促進と、すでに販売した車に対してそれらを「後付け」することの検討を求めました。２０１７年２月末までに、４社が報告書を取りまとめて、国土交通省に提出するように指示したのです。

この４社とは、軽自動車を製造しているスズキ、ダイハツ、ホンダ、三菱自動車です。特に地方都市や中山間地域で、高齢ドライバーが軽自動車を運転することが多いことを考慮したものです。

このニュースを受けて、自動車業界の関係者の多くは「新車へのさらなる導入は当然進むが、後付けを本気で考えろというのは驚きだ」と語っています。

これまでの常識として、技術的には後付けキットを製造することは十分に可能だと考えられてきました。新車の場合、自動ブレーキなどの装置は自動車部品メーカーから自動車メーカーに納入されるものです。実際には、新車の製造工場にトラックで配送され、最終組付けラインで装着されます。

そのため、後付けキットを販売するとなると、自動車部品メーカーが自動車メーカーに納入し、それをディーラーに卸して、組付けをディーラーの整備工場で行うことが考えられます。

しかし、複数の自動車メーカーの車の設計者や、車両の開発者、そして走行実験を行う部署の関係者に「後付けキット」について尋ねてみたところ、ほぼ全員が「事実上、不可能だ」と回答しました。

その理由は、保証の問題です。新車の場合、自動ブレーキなどの高度な運転支援システムを最初から装着することで設計しています。自動ブレーキがかかった場合、車体の特定の部分に大きな負荷がかかるので、その部分を補強するといった具合です。

そうした設計をしていない車に、自動ブレーキを「後付け」した場合、設計者としては「最悪の場合、何が起こるか分からないので、自動車メーカーとしてお客さんに対する安全が保証できない」という立場です。

また、市場に出回っている車は、走行距離や走行条件によって、車両の劣化の度合いが違います。それに「後付けで保証する」というのは、製造者の責任問題として、自動車メーカーにとって大きなリスクになります。

こうした状況を、国土交通省は百も承知の上で、「後付けキット」の検討を強く要望してきたのです。つまり、自動車メーカーのリスクより、高齢ドライバーの事故低減を優先するという、極めて大胆な決断です。

現実的には、「後付けキット」の主流はカメラやレーダーによる警報や警告になると考えられます。技術的なリスクもさることながら、コストが大きな課題です。自動ブレーキの「後付け」となると、キットそのものの価格が高く、組付け工賃も高くなります。

少なく見積もっても、10万円以上はかかるのではないでしょうか。これを、新車価格で100万円台、また中古車で購入したのならば数十万円であろう軽自動車を持つ高齢ドライバーに負担してもらうのは、難しい話です。その場合、負担の一部を国や地方自治体で補助する可能性も十分にあると思います。

「後付けキット」については今後、軽自動車だけではなく、普通車や商用車についても導入の可能性があるはずです。

高齢ドライバーの事故をきっかけして、自動車メーカーにとっての「パンドラの箱」が開かれるかもしれません。

ETC2・0の本格的な活用に期待

自動運転機能を向上させ、その成果を高齢ドライバーの事故低減に結びつけるために期待されているのが、ETCです。先に紹介したように、高速道路での逆走防止に有効です。

装着率がすでに半数を超えた、ETC。電子的な料金収集を行う機器の総称で、最も多く使われている方法が高速道路の料金所です。

そのETCが2015年から、第二世代の「ETC2・0」へ進化しています。ETCとの違いは、通信可能なデータ量が大きくなったことです。ETCは、車内に装着する車載器と、道路側にある機器のそれぞれが、データの送信と受信をするシステムです。

実は、ETC2・0は当初、「ITSスポット」という名前で普及を試みました。普及促進を目的として、国土交通省が首都高速で実施した報道陣向けの同乗試乗会に、私も過去2回参加して、国側との意見交換もしています。

ITSスポットでは、それまで都道府県単位でしか情報が伝わらなかった交通情報（VICS）を、都道府県の垣根を超えて、目的地まで一貫した交通情報が得られるようになりました。また、サービスエリアなどで停車中に、インターネットとの接続が可能となり、さまざまな情報を車内で得られることなどがITSスポットのメリットだと説明を受けました。

このITSスポットの機能をETCと融合させ、名称もETC2・0に改めたのです。

さて、ETC2・0による逆走防止の機能についてですが、ETC2・0が本格的に市場導入された時点で、国が管轄する研究機関で実験が行われていました。その時点での技術的な課題は、通常の方向に走っている車に、誤って逆走の警告が送信されないようにすることでした。

道路側の施設から走行中の車に対して情報を送る際、電波が扇状に広がるのですが、その一部を反対車線の車が拾ってしまう可能性があるといいます。

そうした技術の課題をできるだけ早く克服し、ETC2・0の逆走防止機能の普及に期待したいと思います。

ETC2・0の他にも、逆走対策の技術として考えられる仕組みがあります。例えば、これから搭載が増える車載カメラが標識から逆走を検知して運転者に知らせる仕組み。また、交通量を計測しているトラフィックカウンターで逆走を検知し、道路側のLEDライトなどで運転者に警告する方法などです。国は、こうしたさまざまな逆走対策技術について、2017年4月から約1年間かけて公道での実験を行う予定です。

レベル0の自動運転、つまり手動運転である普通の車に対しても実用化が可能な、自動運転の技術進化の功績が、これからもさらに増えるはずです。

高齢ドライバーの「走る歓び」と自動運転

自動運転になったら、自分自身で運転を楽しむことはもうなくなってしまうのでしょうか？　そうした不安を持っている人が、世界中に大勢います。これは、いわゆる「車好き」と呼ばれる、熱狂的な車のファンに限ったことではありません。年齢を問わず、週末は仕事のことを忘れてレジャーを楽しみたい。そんな時、車の運転は良い気分転換になると考えている人は大勢います。

自動運転という概念は、こうした「走る歓び」とはまったく違います。A地点からB地点まで安心で安全に、そして環境とお財布にもやさしい「効率的な移動」という考え方の上に成り立っています。

車を運転することでワクワクする気持ちは、人生を謳歌するうえでとても大切なことだと思います。そうした人間本来の欲求を無視して、何ごとも「自動運転ありき」という車ばかりになってしまうことが、人間にとって正しい選択なのかどうかは、大きな疑問です。

そのため、本書執筆時点で、日本の自動車メーカーの中には、自動運転に対する技術革新はしっかりと進めるものの、車造りの基本方針の「走る歓び」を第一に掲げ、自動運転に関する将来構想の公開をあえて控えているケースもあります。

こうした現状で、自動車メーカー各社では、自動運転を受け入れやすいユーザー層について議論しています。そのなかで、やはり話題に上るのが「団塊世代」への対応です。

第二次世界大戦直後のベビーブーム期に生まれたこの世代。日本の高度成長期に自動車産業が急伸した期間にちょうど青春時代を送っています。その頃の若者向け人気週刊誌では、「ファッション、女性、車」が必須の記事でした。当時流行りのアイビールックできめて、可愛い女性をデートに誘うには、かっこいい車が若い男性の必需品だったのです。

この「団塊の世代」が2017年時点で、60代後半から70歳になっていますが、彼らはいまでもスポーツカーの市場では主要なユーザー層なのです。実際に、そうした方々とお話しすると、多くの方が若い頃に夢見た「走る歓び」を、余生の中で少しでも長く味わいたいと言います。そして、自動運転については「時代の流れなので致し方ないと思うが、やはり車は自分自身で操ることが一番楽しい」という声を多く聞きます。

こうした彼らの発言や日常生活は、SNSやネット、そして自動車関連メディアなどを通じて発信され、「団塊の世代」より少し若い高齢者の車に対する考え方に影響を与えていると感じます。

その「団塊の世代」が、加齢による体力の衰えなどを強く意識し、免許の返納をするかどうかは別として、車に乗る機会が一気に減る時代がもうすぐやってきます。

それが、2025年頃です。これはちょうど、自動車メーカーが進めている、自動運転の自動化レベルの「レベル4」または「レベル5」での量産化の目途としている時期と重なります。

どうやら、日本では２０２５年に向けて、自動運転に対する社会的な背景が大きく変わりそうな予感がします。

第6章

所有から共有へ～自動運転で人と車の関係が変わる

「所有から共有」とは何を意味するのか?

「自動運転の時代が来る、と言われても実感がわかない」

こういった声をよく聞きます。

そうした人たちに、「所有から共有」の話をすると、「なるほど、腑に落ちた」と言われることがよくあります。

「所有」とは、新車や中古車を個人や企業が購入して使用することです。

一方で、「共有」とは文字通り、個人や企業が所有している自動車を、複数の人が使用することとです。「共有」には、レンタカーや、最近日本でも普及が進み始めているカーシェアリングなどがあります。

「共有」については、自動車だけではなく、最近では個人の部屋を商用で利用する民泊もあります。一部の悪質業者による不法な行為により、民泊がマスコミに登場することがしばしばあります。ただ、よくよく考えてみると、民泊という新しいビジネスに限らず、一般的な部屋の賃貸が「共有」です。

こうした「共有」は、シェアリングエコノミーと呼ばれ、世界的なトレンドになっています。統計的には、本書執筆時点で20代から30代の世代が「所有より共有」を好む傾向が強いようです。

日本の場合、その世代は1960年代の高度成長期に世の中に根付いた、「生涯1社で定年まで」や「いつかは夢の一戸建て」といった考え方にとらわれない傾向があります。中古の団地を安く借りて、契約条件のなかで許される範囲でのリノベーションをして暮らしたり。郊外型住宅より、通勤時間が短い都心のマンションを借りたり。

そうした行為の背景には、生活の質と経済性を両立させたエコノミーな考え方と、「ありものを使うことは、地球にやさしい」というエコロジーな意識の両面があると思います。

こうした「共有」は、自動運転との相性が良いのです。

自動車の実質利用率は4％以下

ここで、単純な計算をしてみましょう。毎日1時間、自動車を使ったとします。1日は24時間ですから、利用した比率は「1÷24＝0・042」となり、4・2％です。つまり、残りの95・8％の時間は、自動車は使われていないのです。

この毎日1時間というのは、けっして利用時間として短い訳ではありません。自動車を毎日使う人が多いのは、バスや電車の路線が少ない地方都市や中山間地域です。そうした地域で会社勤めの人は、自宅から会社まで片道30分以内のところに住んでいる場合が多いと思います。

会社帰りに、コンビニやスーパーに寄って買い物をしたとしても、それは帰り道にある場合が多いので、自動車は駐車場で一時的に止まっているだけです。そして、土日に家族で買い物やレジャーに行くとしても、毎週のように遠出をすることはありません。

また、都心に近い住宅地では、奥さんが自動車で朝晩駅までご主人や子供の送り迎えをしたり、スーパーへ買い物に行ったりしますが、走行時間はさほど多くありません。結局、自動車を日常的に使っていると思っていても、1日平均では1時間程度に留まることが多いのです。

そのほか、夫婦が共働きの家庭では、夫婦それぞれが駅までの移動はバスや電動アシスト自転車といったケースが多いと思います。その場合、自動車に乗るのは週末だけで、車の使用率は1～2％と極めて低い数字になってしまいます。

こうした、そもそも論について、人々は深く考えようとしてきませんでした。

それは、どうしてでしょうか？　皆さん、こんな「言い訳」をしていませんか？

さほど使わなくても、自動車があるとなにかと便利だから。週末しか使わないから、よけいに楽しい。ほとんど乗らないけど、ご近所の手前、車庫に自動車がないのはみっともないから。

こうした、高度成長期に由来する「古い考え方」を根本から変えてしまうのが、

「共有」という考え方です。必要な時、必要な場所で、必要な自動車を使うこと。それが、皆さんのお財布にも、地球環境にもやさしいことは明白です。

ただし、こうした理屈ばかりでは、人生楽しいとは言えません。自分のほしい自動車を買うために働くことが、生き甲斐という方もいるでしょう。家族に高齢者がいるので、仮に急な病気で具合が悪くなっても、救急車を呼ぶほどでもなければ、やはり自家用車がほしいということもあります。自動車の本来の目的である、「自由に移動」するために、いつも自分のそばに自動車を置いておきたい、と思うのは当然です。

「共有」と完全自動運転

さて、ここからは自動運転と「所有から共有」のつながりを考えてみましょう。

自動運転には、大きく2つ種類があることは何度も紹介してきました。ひとつは、自動化のレベルが技術革新とともに徐々に上がっていくタイプ。もうひとつが、完全自動運転です。

このうち、前者が「所有」に向いています。所有者である運転者にとって、自動運転の自動化レベルが上がると、運転中の肉体的かつ精神的な負担が減ります。また、必要に応じて自ら運転することで、自動車を操るワクワクした気持ちが、所有していることの満足感へとつながります。

それに対して、完全自動運転は「共有」に向いています。この場合、自動車の運転の主体は車のシステムであり、人間は運転者ではなくなります。つまり、完全自動運転はバス、タクシー、電車などの公共的な乗り物と同じようになります。そうなれば「共有」するのは当然です。一般の人はバスや電車を、普段の移動手段として所有することはないのですから。

自動化レベルが徐々に上がっていくタイプの自動運転も、２０２５年以降は自動化レベルが高い「レベル４」や「レベル５」に到達するはずです。そうなれば、このタイプも完全自動運転の状態で走行する時間が増えるため、共有との親和性が高まります。

自動車メーカー各社は、こうした自動運転が及ぼす「所有から共有」という大きな市場変化に対して、どのように対応するべきかを議論しています。その中では、「所有がまったくなくなってしまうことは想定できない」という意見が主流を占める印象です。人々は所有する自動車を「愛車」と呼びます。自動車という商品は、所有することで愛着が増すという考え方です。

とはいえ、便利で、安く、サービス開始までの時間が早いとなれば、共有に興味を持つ人が増えるのは、経済として自然な流れです。自分の好きな時間と場所にすぐ来てくれる完全自動運転がどんどん普及すれば、「所有から共有」の流れが一気に加速するでしょう。

こうした巨大な市場変化が起こり得ることを、自動車メーカーも重々承知しています。仮にそうなった場合、自動車メーカーのビジネスのやり方が大きく変わることになります。

つまり、人と車との関係も大きく変わるのです。

人々が支持する「ライドシェアリング」

「所有から共有」と完全自動運転との融合は、すでに始まっています。その現場がアメリカです。

「ウーバー（Uber）」や「リフト（Lyft）」という名前を聞いたことがある人は、日本ではまだ少ないかもしれません。しかし、アメリカではこうした会社の名前は、日常的に何度も出てくるほど普及しているのです。彼らは、先にも触れた個人所有の自動車をタクシーのように利用するビジネス、ライドシェアリングの大手です。大手といっても、本格的にビジネスを始めたのは２０１０年代に入ってからという、新興勢力です。

彼らのビジネスの基本は、個人で所有している自動車をタクシーのようにして営業させることです。日本では、営業車である緑ナンバーではない、白ナンバーの個人所有車を営利目的で使用することを禁じています。いわゆる〝白タク〟と呼ばれる行為です。

白タクが禁止なのは、アメリカでも同じです。しかし、ウーバーやリフトはビジネスを始めた当初、営業による利益ではなく、個人が支払う寄付金だと主張しました。しかも、この寄付の額を、目的地についた時に運転者がスマホで提示するというやり方でした。その額は、通常のタクシーの約4割引きと格安なのです。

こうしたかなり強引なやり方に対して当然、タクシーやハイヤーの業界からはライドシェアリング反対の大きな運動が起こりました。アメリカだけではなく、ヨーロッパでも同様の事態に陥りました。ここで引き下がらないのが、アメリカのベンチャー企業の凄いところです。行政機関へのロビー活動を積極的に行った結果、アメリカでは一部の州や地域を除いて、全米規模で通常営業を行えるようになりました。

正規ビジネスになったことで、一気に普及が進みました。料金については、寄付金と称していた時と同じように、ほとんどのケースでは通常のタクシー料金の4割引き。ただし、朝晩の需要が多い時期や特別なイベントの行き帰りなど、需要の増減に応じて料金が変動する場合もあります。

ライドシェアリングが誕生してから5年ほどで、サラリーマンの多くが出張でレンタカーを使わなくなり、主婦が買い物で1日に何度もライドシェアリングを使い、若者は自動車を持たずにライドシェアリングだけで生活する人が急増しています。長きにわたり、自家用車を持つことは生活のための必然だ、と信じられてきた自動車大国アメリカの常識を、ライドシェアリングがあっという間に覆してしまったのです。

ライドシェアリングは、最初は白タクという違法行為だったものの、人々からの絶大な支持を得ることで巨大な合法ビジネスへと変貌しました。

まさにいま、「所有から共有」への巨大な波が起こっているのです。

海外では完全自動運転と「共有」の融合が本格化

もはや自動車メーカーは、ライドシェアリングを無視することはできなくなりました。2016年にはアメリカ最大の自動車メーカー、GMがリフトと提携、また、トヨタはウーバーと提携の検討を進めています。

こうした中、2016年4月に、ウーバー、リフト、さらにグーグルの親会社のアルファベット、フォード、そしてボルボが、完全自動運転によるライドシェアリングの法整備に向けたロビー活動を共同で行うことを明らかにしました。

これぞ、まさしく「共有」と完全自動運転の融合です。

こうして、トヨタやGMがライドシェアリングに対して少しずつ歩み寄ろうとしている一方で、フォードやボルボは別の路線を進み始めました。一気に完全自動運転の領域で「共有ビジネス」を考え始めたのです。

具体的には、フォードが2021年までに完全自動運転の実用化を発表。ボルボは第1章で紹介した、スウェーデンで行う「ドライブ・スウェーデン」に加えて、ウーバーと連携した完全自動運転の実証試験をロンドンなどで行うと発表しました。

そして、2017年1月末にさらに衝撃的な連携が発表されました。なんと、メルセデスを率いるダイムラーがウーバーのサービス向けに自動運転車を供給するというのです。

また、ライドシェアリングで気になる動きが、中国にもあります。中国はアメリカを抜き、いまや世界最大の自動車製造・販売国ですが、最近では若者層を中心にライドシェアリング市場が急速に拡大しています。そうしたなかで、2016年にはライドシェア最大手の滴滴出行（ディディ）が、アップルと提携しました。先に紹介したように、アップルは「プロジェクト・タイタン」と呼ぶ極秘の先行研究チームが、完全自動運転の量産化に向けた研究を続けています。つまり、アップルが自動車にとっても、またｉＰｈｏｎｅやパーソナルコンピュータの分野でも巨大市場である中国で、完全自動運転とライドシェアリングの融合を狙っているとみて間違いなさそうです。

いわゆる白タク行為の禁止がいつ変わる？

こうして世界的な規模で、完全自動運転をきっかけとした「所有から共有」へのトレンドが生まれています。その中で、日本はこれからどうなるのでしょうか？

実は、日本ではすでに、白ナンバーの自動車を商用で使っているケースが全国各地に存在します。これは、「自家用有償旅客運送」に関する国土交通省の通達に基づくものです。高齢者に対する介護を目的とする場合や、公共交通が不便になった中山間地域などでの日常の足として、２００６年に設定されました。

自家用有償旅客運送とは、高齢者の増加に伴い地方での過疎化が進む日本にとって、選択せざるを得ない判断なのだと思います。システムとしてはライドシェアリングなのですが、この制度をアメリカで行われている都心部を含めたケースにも応用するかどうかは、まだ議論が始まったばかりです。

こうした議論の中で、完全自動運転との融合が模索されています。２０１７年に始まる、経済産業省の実証実験でも、公共交通が不便になった地方を対象にする可能性があります。

しかし、こうした実験を行ったからといって、すぐに実用化できるかどうかは不明です。その理由は、運営コストです。現在の自家用有償旅客運送でも、多くの場合が地方自治体の補助金により収支がトントンといったケースが多いのが実情です。ただし、先に紹介したような、アメリカを主体とする完全自動運転とライドシェアリングが融合するという大波が日本に押し寄せてきた場合、事態は急変するかもしれません。

日本の自動車業界全体として、自家用有償旅客運送をベースとした、さらなる法改正を国に要望するかもしれないからです。

なお、本書執筆時点で、日本でライドシェアリングは違法行為のため、営業することはできません。ウーバーは日本にも現地法人がありますが、高級ハイヤーの配車サービスの提供や一部の地方自治体と連携した実証実験を行うに留まっている状況です。

コンビニは完全自動運転に最適？

人と車との関係が、「所有から共有」へと徐々にシフトし、そこに完全自動運転が絡む。そんな時代が、もう目の前までやってきています。具体的には、自動車メーカー各社の発表や、各国の政策から考えて、２０２０年代になると、一般家庭でもそうした時代の変化を直接感じるようになるでしょう。

それに伴って、人と車との契約方法にも変化が現れるはずです。これまでは、人が車に乗るための契約で最も多いケースが、購入するという形式です。一括現金支払い、分割支払い、そして残価設定ローンといった購入方法があります。また、ローン契約とやや似ているリース契約が、最近日本でも増えてきています。

そのほかには、自動車の場所が限定されたり使用期間や時間帯が短い場合に、レンタカーやカーシェアリングが使われています。

こうしたさまざまな自動車に乗るための契約方法は、自動車ディーラーやレンタカー店などが窓口となっています。格安レンタカーの中には、ガソリンスタンドやオートバイ販売店などで契約や車両の受け渡しをするケースもあります。

こうした状況が、完全自動運転の時代になると、どのように変わるのでしょうか。

完全自動運転をバスやタクシーのように使う場合、スマートフォンのアプリをダウンロードして会員登録をし、支払いはクレジットカードを使うことが主流になるでしょう。

その契約先は、地元のバス会社、電鉄会社、自動車ディーラーなど、完全自動運転を事業化する企業になります。また、運送事業に対する免許制度が緩和されれば、これまで交通事業とは無縁だった多種多様な業種の企業が参入することが考えられます。その筆頭は、「コンビニ」でしょう。

需要が多いと思われる地方都市の場合、コンビニなら広い駐車スペースがあるので、完全自動運転の基地や中継拠点になります。また、完全自動運転の車両は電気自動車になるケースが多くなるので、コンビニ駐車場内に自動の充電設備を確保することになります。さらには、土地の価格の高い都心部や都市周辺にも駐車場を持つコンビニがあるので、完全自動運転の拠点になり得ると思います。

完全自動運転で個人が儲ける方法

完全自動運転の車両を公共機関として使わず、個人として購入するケースも出てくるでしょう。

その場合、所有者が利用しない日や時間帯には、車両を貸し出すことで個人として収益を得ることができます。先に紹介したように、自動車を1日1時間利用したとしても、95・8％は使っていないのですから、その空き時間をビジネスとして有効に使うという発想がでてくるのは当然です。税法上どのような扱いにするべきかはこれからの議論だと思いますが、十分に考えられるケースです。

完全自動運転に限らず、こうした空き時間に個人所有の自動車を有料で貸し出すビジネスは、アメリカで徐々に広がりを見せています。日本でも、事業化している企業があります。その中には、中央官庁と直接交渉して、日本の社会事情に見合った改良を加えて営業している企業もあります。しかし、そうしたプロセスをふんでいないベンチャーも見受けられ、その場合、合法と違法の隙間に立っているような印象を受けます。

今後、日本で個人所有の完全自動運転の車両を貸し出すとなった時、新たなる法整備が必要なことは間違いありません。

また、実際には個人所有者から借り受けるとしても、貸し出しや借り受けに関する契約は、個人間で行うことは難しいです。たとえ完全自動運転でも、システムの故障により物損や人身事故を起こす可能性はあるからです。また、民泊で問題になっているように、車内の汚れやゴミの問題など、自動車を共有することで表面化する課題があり、それを個人間で解決することも難しいと思います。

そうなると、やはり中間業者が必要です。これを一般的には、サービスを提供するという意味で、サービスプロバイダーと呼びます。自動車という移動体に特化していることで、モビリティサービスプロバイダーという表現を使う場合もあります。

個人はサービスプロバイダーと契約し、そこが運営するウェブサイトで情報交換し、専用アプリをスマートフォンで使うなどして業務を進めることになるでしょう。

サービスプロバイダーとなるのは、先に紹介したコンビニのほか、スマートフォンを契約している通信事業者、自動車・火災・生命保険などを扱う保険事業者、また電力自由化によりサービス事業の拡大を狙う電力会社などが想定できると思います。

自動車の制御社会の到来

こうした、完全自動運転をきっかけとした「所有から共有」へと至るプロセスを考えていると、これからの社会に対する大きなイメージが浮かんできます。それが、「制御社会」です。これは学術用語ではなく、私が個人的にそう呼んでいます。

もう少し分かりやすい表現をすれば、自動車の移動に関する制御社会です。その説明をするため、まずは大きなくくりで、移動を考えてみましょう。

最もシンプルな移動手段は、徒歩です。その次に移動速度が速いのが、自転車です。または、牛や馬などの動物に乗るか、それらにけん引してもらうことがあります。その次に速い乗り物が自動車、自動二輪車、自動三輪車、バス、トラックなどです。ただし、道路交通法によって、一般道路では時速40キロメートルや50キロメートルなど、高速道路では100キロメートルなどの制限を行政機関が設けて、安全で円滑な交通の運行を目指しています。

また、バスの場合、運行についてはバス会社によって厳しく管理されています。トラックの場合も、最近ではＧＰＳによる位置情報や、アクセル・ブレーキ・ハンドルなどの操作情報をトラック会社が一元管理することで、安全運行に役立てています。

こうした無軌道の交通に対して、電車は線路という軌道を使い、運行全体を中央管制センターがコントロールすることで、渋滞が起きず、時刻表通りの運行が可能となっています。また、線路上で何かのトラブルが起これば、そこを通りかかる前の電車を停止させたり、さらに後続の電車の速度を低下する指示が出されます。

飛行機についても、軌道はないものの、空路という決められた空間を飛びます。飛行スケジュールはあらかじめ、航空会社と出発する空港の管制塔に知らされています。また、着陸に際しては、着陸地の管制塔からの指示によって、高度や進路を決めます。

船舶については、プレジャーボートやヨットなど個人所有の場合は、海上での各種法規を守ったうえで、自動車にやや近い形で自由な移動が可能です。ただし、大型の商用船舶の場合、飛行機と似た管制された状況での運行がなされています。

こうして、さまざまな移動手段を改めて並べてみると、自動運転が自動車に及ぼす影響がはっきりと見えてきます。

つまり、自動運転の場合、一般の乗用車もバスやトラックのように、運行が管理されるようになります。しかも、電車や飛行機が軌道を走るように、自動運転の車両はビッグデータによって形成される「目に見えない制御された道」を走ります。

そこでは、全体の交通量への影響を考慮して、最高速度や、一時停止時間を設定されるなど、中央コントロールセンターによって運行管理が行われるのです。

つまり、自動車が走ることが、行政機関などによって制御されるのです。

個人の「自由な移動」という「自動車」から、社会全体にとって効率的な移動手段を個人が使用する、という図式に変わるのです。

自分が移動したい時間に、移動したい場所に、移動する乗り物の種類を選んで乗る、というこれまでの自動車に対する考え方は、大きく変わらざるを得ません。

もちろん、自動車に乗ることを愉しむという領域は今後、消滅することはないと思います。ただし、それは専用の空間で行う娯楽になるかもしれません。

第7章

2025年までに実現するさまざまな自動運転

2025年、人口分布による自動運転への大きな影響

第5章でも触れたように、2025年になると「団塊の世代」が70代後半になり、多くの方が自分自身でハンドルを握らなくなる可能性があります。

そうなると当然、「レベル5」の完全自動運転の需要が増えます。

この場合、バスのような公共的な交通機関での、常時「レベル5」の自動運転に乗るケースがあるでしょう。

または、自動運転と手動運転を切り替えることができる「オーバーライド型」を好む人たちもいるでしょう。そこには「いつまでも、車を自ら操作することを諦めたくない」という気持ちが強く影響しています。

さてここで、日本の人口分布を改めて見てみると、人口が多い世代が2つあることが分かります。ひとつが、戦後1947〜1949年生まれの第一次ベビーブーム「団塊の世代」。もうひとつが、1971〜1974年生まれの第二次ベビーブー

ムの世代で、彼らが２０２５年に50代前半となります。

第二次ベビーブーム世代は、「団塊ジュニア」と呼ばれることがあり、「団塊の世代」を親に持つ人が少なくありません。

そのため、「団塊ジュニア」は「団塊の世代」の背中を見て、自分が高齢になった時、車とどう向き合うべきかを考えるかもしれません。「オヤジの世代は、オーバーライド型の自動運転を乗ることがあるけど……。やはり、完全自動運転の方が楽だし、コストも安いし。いまから完全自動運転に乗れば、将来も安心では？」という感じです。

こうして、人口の多い「団塊の世代」と「団塊ジュニア」の意見や考え方が、２０２５年の日本社会の全体に影響を及ぼしていきます。

そうなると、２０２５年頃、日本では完全自動運転の需要が一気に広がる可能性が高まります。なぜならば、技術的には安全性に対する十分な裏付けがある完全自動運転の普及へ向けたカギとなる社会受容性について、人口が多い層の意見が反映されるからです。

そうした社会的な背景から見るだけではなく、技術や法規という観点から自動運転は確実に普及していきます。２０１７年初めの時点で、自動車メーカーは「レベル５」の完全自動運転の普及は２０２５年頃と見ていますが、それより早く、自動運転技術を使ったさまざまな車が登場することは確実だからです。

そのいくつかを順に紹介していきましょう。

２０２０年頃までに、３６０度対応の自動ブレーキが標準装備へ

いわゆる自動ブレーキは現在、前方に対して利きます。さらに、日本でも近いうちに後方に対する自動ブレーキの導入が進みます。

なぜならば、欧州の行政機関がユーザー向けに公開している、衝突安全性に関する自動車アセスメントで、後方用の自動ブレーキを強化する動きがあるからです。

日本では2017年初めの時点で、後退する時に障害物があったり、人や車が近づいてきた場合、警報が鳴る機能を装備している車があります。これを警報だけではなく、自動ブレーキで一気に止めるのです。

また、車の側面方向に対しても、自動ブレーキをかけることができます。電柱や背の高いポール、そして交差点で左折する時に、自転車などを巻き込まないためにも、極めて重要な装置です。

こうした、前後左右360度に対する自動ブレーキは、技術的には2017年初め時点で量産可能な状況にあります。

実際、私は360度方向で機能する自動ブレーキを搭載した車の助手席に乗って、その威力を体験しています。試乗を実施したのは、フランスの自動車部品大手のヴァレオ。試乗車はドイツのメルセデスベンツ「Eクラス」です。

運転席のフランス人技術者の説明によると、この車はすでに販売されているもので、自動運転や運転支援のために利用できる各種センサーを搭載している、ただしそれらを360度自動ブレーキとして実用化するにはヴァレオのソフトウエアが必要で、まだ正式に発売されていない、ということです。

具体的に、360度自動ブレーキに使用するセンサーとは、前後それぞれ6つの超音波センサーと、前後とサイドミラーに組み込まれた合計4つのカメラです。

試乗は広い駐車場の中で行いました。まず、2本のポールの間を通り抜けようとすると、接近を知らせる警報が鳴りました。次に、左折を想定して、ゆっくりとポールに接近しました。この車は左ハンドルなので、車の右側面は見えにくい状況です。ポールまで30センチメートル弱に近づいた時、自動ブレーキがかかりました。

次に、子供の人形に向かって後退を開始。助手席の私からは、正面の画面に後方カメラからの映像が映っているのが見えます。子供の人形まで40~50センチメートルに近づいた時、かなり強めのブレーキがかかりました。

自動ブレーキをかけるタイミングや、ブレーキの強さなどは各自動車メーカーからの要求に応じてアレンジするそうです。

日本の自動車部品大手でも、ヴァレオと同じく360度自動ブレーキに対応する技術開発を進めていますので、2020年頃には自動ブレーキといえば360度の方向に利くのが当たり前になっているはずです。

そして当然のことですが、360度自動ブレーキは自動運転の自動化レベルを上げるために必須の技術です。

2020年頃、もしもの場合のイーコール普及開始

どんなに優れている自動運転でも、システムの故障がゼロ%とは言い切れません。そして最悪の場合、自動運転でも事故に遭遇することがあり得ます。例えば、天変地異によって被害に遭い、運行が不可能になることも想定しなければなりません。

そして、自動運転の自動化「レベル3」以下の場合、運転に占めるドライバーの割合が十分に残っているため、身体能力が若い人たちと比べて劣っている高齢ドラ

イバーが事故に巻き込まれる可能性も否定できません。

そうした状況で、自動的に緊急連絡を警察や消防に行うシステムが、「イーコール(e-Call)」です。この呼び名は、欧州で使われているものです。2018年4月から、欧州内で販売される新車のすべてにイーコールが義務付けされる予定です。

イーコールは事故が発生し、エアバッグが作動した瞬間、イーコール・システムが自動的に「112番」に通報する仕組みです。112番は欧州共通の緊急を通知する電話番号のことです。

実は、イーコールの欧州での導入が数年間遅れてしまいました。なぜならば、イーコールは欧州連合(EU)が打ち上げる衛星測位システム「ガリレオ」を利用するのですが、欧州各国の「ガリレオ」に対する思惑がなかなかまとまらなかったのです。

また、欧州より先にロシアでも、同国が独自に打ち上げている衛星測位システム「グロナス」を活用したイーコール・システムがすでに導入されています。

日本では、アメリカの衛星測位システムであるGPSを補完する形で、「準天頂衛星」と呼ばれる4機が活用されるようになります。「準天頂」とは、日本から見て「ほぼ真上」を意味します。GPSなどの衛星測位システムは、最低4機からの信号を受信すると、縦横、そして高さが計測できます。

日本は国土の7割強が山間部で、また最近は都心での高層ビルが増えているので、衛星からの信号を利用できない場合があります。そこで、1機が日本上空のほぼ真上にいることで、残り3機のGPSからの信号を拾えば、測位が成り立ちます。

また日本では、ロシアのグロナスからの信号も、GPSとは別の受信機能を備えている受信器ならば利用できます。現在、GPSとグロナスは合計約60機が運用されています。

日本の準天頂衛星は、4機のうち、バックアップとして赤道上の静止衛星となる1機を除いて、3機を使います。3機が同間隔で、日本から東南アジアまで上空を8の字軌道で飛びます。つまり、1機が8時間、日本の上空にいることになります。

２０１７年初めの時点で、初号機「みちびき」による実験が行われています。２０１７年以降引き続き３機が打ち上げ予定で、４機の体制が整い次第、実用化が始まる予定です。

そうなれば、日本でも準天頂衛星測位システムを使ったイーコールが始まる可能性が高まります。目途としては２０２０年頃になるのではないでしょうか。

もちろん、イーコールは自動運転だけを対象としている訳ではありません。後付けキットを販売するなどして、すべての車に装着するべき重要なシステムです。

2020年代前半、「話す車」が続々と登場

自動運転というと、中高年の方の中には、１９８０年代に日本で放映されたアメリカの人気テレビドラマ「ナイトライダー」を思い出される方も多いと思います。

主人公の諜報員、マイケルが乗る人工知能を組み込んだ特殊車両が「ナイト２０

00」です。

「ナイト2000」はまるで感情を持つように、音声と車の動きで喜怒哀楽を表現し、さまざまな危機的状況からマイケルを助けます。

劇中で使用された実際の車は、GMのポンティアック「ファイアバード」で、内装などを近未来カーのイメージで演出したもの。私が1980年代、ロサンゼルス郊外のユニバーサルスタジオに行くと、映画「バック・トゥ・ザ・フューチャー」を題材としたアトラクションの入り口の近くに、「ナイト2000」が置かれていました。その隣で、ワクワクしながら記念写真を撮ったことを思い出します。

当時、人工知能はサイエンスフィクション（SF）のイメージが強く、実際の科学技術を応用するという発想は、私を含めて日本のテレビ視聴者にはなかったと思います。

そうしたSFの世界が、現実のモノとして登場するのは時間の問題なのです。言い換えると、すでにかなり高いレベルでの「ナイト2000」は実現可能です。

技術的な根拠は、「音声認識」です。スマートフォンでは、iPhoneの「シリ」や、グーグルが提供する「OKグーグル」でお馴染みの機能です。

また、現在市販されている車にも、ハンドルにある各種スイッチのひとつに、人間が話しているようなマークがあります。それが、音声認識のボタンです。多くの人が、それをコールセンターのオペレーターにつながるボタンだと、勘違いしていると思います。

車用の音声認識の技術は、アメリカのニュアンス・コミュニケーションが市場を占有しており、今後さらなる技術進化が見込まれます。その基盤となるのが、「人工知能（AI）」です。

実際、私は2016年、アメリカのシリコンバレーにある同社の人工知能研究所を訪れ、今後数年間でどのような進化が期待できるのかについて人工知能の開発総責任者から説明を受けました。そのなかで、私にとっては「これはまるでナイト2000だ」と思えるようなデモンストレーションも見ることができました。

例えば「今日の夜7時に、サンフランシスコ市内で美味しいと評判の高いイタリアンレストランを4人で予約して」と話しかけると、その返答としてお勧め店が画面に表示されます。次に「A店にして」と言ってから、「やっぱり、夜7時半からで、5人に変更して」と言うと、その変更を判断してからお店にメールを入れます。

現在、こうした車側の返答を音声とし、車がこちらに話しかけてくる設定をしている自動車メーカーはありません。しかし、日本の自動車メーカーが2016年に作成した近未来の自動運転のイメージビデオでは、ドライバーと車が、まるで人間同士のような会話をするシーンが強調されています。

このような、まるで「ナイト2000」のような車は、「レベル3」または「レベル4」が一般化する2020年代前半あたりには、ごく当たり前の存在になっているはずです。

２０２０年代前半、家と家族と車がつながる？

「話す車」の話を、もう少し続けましょう。

ドライバーが車に話しかけて、なんでも答えてくれる。しかも、回答は最新の情報に基づいている。そんな時代が２０２０年代前半にはやってきます。

どうして、そんなことができるのでしょうか？

理由は、前述した「ＩｏＴ」です。繰り返し説明すると、この世に存在するモノの多くがインターネットにつながり、情報をやり取りするという考え方です。より具体的に言えば、電気製品のほとんどが情報を共有するようになります。

その代表例が家電です。テレビ、冷蔵庫、洗濯機、掃除機が代表的な家電ですが、それらの情報がインターネットを介してつながります。こうした動きは、２０１０年代前半からドイツやアメリカで広がり始め、日本にも影響が及びました。

そうした家電と自動運転の車も情報を共有するようになります。

例えば、走行中に、冷蔵庫の中にある食品の賞味期限切れを検知し、車で仕事からの帰り道に「バナナ、オレンジジュース、お味噌、お豆腐が足りなくなりそうです。スーパーに注文して、これから取りにいきますか？　それとも宅配してもらいますか」といった具合です。

この場合、車はドライバーが毎週何曜日の何時ごろ帰宅するかを分かっていて、その時間を見計らって話しかけてきます。

こうしたシステムは当然、自動運転ではない車でも有効に活用できます。しかし、車内で運転以外のさまざまなことを短時間に考えるとなると、運転への注意力が下がり、事故の危険性が高まります。つながる車による車内への多様な情報の提供と、それに対する判断を下すには、自動運転の自動化レベルが高い車が必要です。

そのほか、車と家がつながる必要性が高まる理由に、車の電気自動車化があります。その場合、充電が大きな課題です。本書執筆時点では、電気自動車に搭載する電池はリチウムイオン電池が主流ですが、電池の性能が今後5年程度で革新的な進化を遂げ、それが一気に普及するとの予測は、電池業界から聞こえてきません。そのため、２０２０年代前半に「レベル３」や「レベル４」の自動運転が普及し始めている時点でも、効率的な充電方法を探しながら走行する必要があります。

車の電池残量やドライバーの運転行動などを、車がしっかりとモニタリングして、自宅まで戻って充電するのか、それとも近くの充電ステーションに寄って、自宅まで帰れる分だけ短時間で充電するのかを考える必要があります。家で充電する場合でも、消費電力が大きい車に対する充電をより安くする方法を、車が考えてくれます。もしかすると、電気を別々の会社から必要に応じて別々に購入できる時代になっているかもしれません。

こうした、人々の生活の基点である家と、そこから移動する車の両方で、人工知能の技術を高めようとする動きが、本書執筆時点で、アメリカの半導体メーカーなどを中心に日本でも活発になり始めています。

また、スマートフォンなど個人データを扱う小型通信機器は、２０２０年代に入って現在と形や使い方は変わるかもしれませんが、完全になくなってしまうとは考えにくいと思います。そのため、スマートフォンというドライバーの「データとしての分身」が、車や家といつも情報交換しているようになります。

このように、自動運転の普及は、人々の日常生活のすべてに影響を及ぼすことになります。

2020年の東京オリンピック・パラリンピックを目指す実験

56年ぶりに開催される、東京オリンピック。そして、東京で初開催となるパラリンピック。2020年はもうすぐ目の前までやってきています。

スポーツの祭典であるオリンピック・パラリンピックですが、開催国としてはその国の魅力や技術力などを世界に向けて発信する最良のチャンスでもあります。

自動運転についても、国は東京オリンピック・パラリンピックを「契機」として捉えており、自動車メーカーや大学などの研究機関を巻き込んでの開発が着々と進んでいます。皆の気持ちは「2020年を目指して」です。

その中核となるのが、第3章で紹介した、内閣府が主導する「戦略的イノベーション創造プログラム（SIP）」です。産学官が連携し、オールジャパンのチーム体制を敷く日本最強の自動運転の技術集団です。オリンピックという巨大な国家イベントを念頭に置いているからこそ、こうしたスペシャルチームが編成できたといえます。

このSIPの自動運転プロジェクトの中で、東京オリンピック・パラリンピックのメイン会場となる、台場地域などの東京湾臨海地域を使ってさまざまな自動運転の車が走行します。

具体的には、「レベル3」相当の乗用車を、一般の交通と混走させます。これは自動車メーカー各社がそれぞれの技術を紹介する形になると思われます。「レベル3」になると、高速道路での合流なども自動で行えるようになります。

また、会場内や会場周辺に専用レーンなどを設けて、「レベル5」の完全自動運転を行うことになるでしょう。観客や選手、または報道陣向けなどの利用が考えられます。安全性を確保するため、仮に無人運転となっても、会場内などに設置する自動運転の管理施設から遠隔で操作するはずです。

そのほか、日本特有の試みとしては、公道での「自動運転バス」の走行があります。これを、ART（アドバンスド・ラピッド・トランジット）と呼びます。先進的で高速な交通手段という意味です。

欧州や東南アジアでは、市街地で専用レーンを設けたバスの運行システムとしてBRT（バス・ラピッド・トランジット）が普及しています。ARTはそのBRTの進化版で、専用レーンを持たず他の交通と混走する自動運転バスです。

実施を想定している場所は、銀座周辺から東京湾へ向かう晴海通り。バスは現在利用されている都営バスとほとんど同じ大きさになります。

2016年後半に実施されたSIPの実験報告によると、実験場内でのテスト走行では、停留所での停止位置がかなり高い精度で実現できているとの説明がありました。

その報告を聞いた後、私はＡＲＴが実際に走る晴海通り沿いの数カ所に行き、通常運行している都営バスの動きを観察してみました。すると、停留所の周りでは、タクシーが乗客を降ろしていたり、自転車が走っていたりなど、込み合っている状況を数多く目にしました。

こうした難しい状況で、ＡＲＴが走行できれば、日本の自動運転技術の高さを世界に証明できると感じました。

2020年度以降は、ポストSIP

紹介したＳＩＰですが、実は東京オリンピック・パラリンピックの開催中には実施されません。

本格的な実証実験の期間は、2017年度から2019年度までです。つまり、2020年3月31日までを想定しており、同年夏の東京オリンピック・パラリンピックの開催中は、現行のSIPは行われていないことになります。

そのため、自動車メーカーのなかには「ポストSIP」として、SIPでの実績を応用した実験、または量産化したサービスなどを、東京オリンピック・パラリンピックの会場及びその周辺で行いたい、という意見も出始めています。

そもそもSIPによる自動運転プロジェクトは、2020年の東京オリンピック・パラリンピックを「目指して」の技術開発と実証実験が目的です。その後は、民間企業や東京都などの地方自治体が実際のビジネスとして運用してほしい、という腹づもりです。

とはいえ、2019年度までの予算で区切り、2020年度予算となる2020年4月1日以降は、SIPというスペシャルチームを解散するというのは、国全体としてもったいないことではないでしょうか。現実的には、国が補正予算を組むなどして、２０２０年夏の時点までＳＩＰによる各種の実証実験を継続する形になるのかもしれません。

または、２０２０年度からのポストＳＩＰとして、ＳＩＰをさらにグレードアップした、世界があっと驚くようなジャパニーズテクノロジーの祭典が始まるのかもしれません。

高精度な三次元地図ダイナミックマップや、２人乗りの電気自動車である超小型モビリティなど、これまで日本が進めてきた独自の技術を、次世代の自動運転へとうまく結びつけてほしいと思います。そのために重要となるのが、ＳＩＰの成果を受けてさらなる前進を目指すポストＳＩＰなのです。

２０２０年度以降となるポストＳＩＰは、先に紹介した人口分布の影響を強く受ける２０２５年に向けた動きとなります。日本の新たなる社会構造のなかで、国民にとって有益となる自動運転のあり方が議論されることを強く望みます。

トランプ政権の行方

２０１７年以降、自動運転がどのように発展し、そして本格的に普及していくのか。そのカギを握る人物が、アメリカ大統領のドナルド・トランプ氏です。

トランプ大統領は、大統領選挙の期間中、自動車産業に対してさまざまな意見を発信してきました。なかでも、日本の自動車メーカーに大きな影響を与えるのが輸入関税の問題です。

仮に、アメリカが日本からの自動車輸入に対して、アメリカの自動車産業を保護するという立場から輸入関税を引き上げたならば、日本の自動車メーカーは否応なしに、アメリカ国内での生産量を増やすしかありません。そのために、相当な投資を行うことになります。

そうなった場合、日本の自動車メーカーとしては、部品の円滑な調達、または完成車を輸入する観点から、隣国のメキシコとカナダでの自動車製造を増やそうと考えます。これは、アメリカが北米大陸の全体をひとつの経済圏とした、北米自由貿易協定（ＮＡＦＴＡ）を利用したものです。

ところが、各種報道で承知の方も多いと思いますが、このＮＡＦＴＡを撤廃すると、トランプ大統領は意気込んでいます。

このように、アメリカ自動車産業を保護する姿勢を明確にしているトランプ大統領ですが、大統領選挙中から大統領就任までの間に、自動運転に関する詳しい発言はしていません。

本書でこれまで紹介してきたように、自動運転を本格的に普及させるには、アメリカが強みとするクラウドやビッグデータの解析など、最新のＩＴ技術が必要です。アメリカ国内産業保護の観点では、トランプ政権が自動運転を強く推進することが考えられます。

ただし、これまでトランプ大統領が保護主義の対象として発言しているのは、昔から続く自動車製造に対してです。自動運転などのＩＴ関連については、目立った発言がみられません。

　なぜならば、シリコンバレーを中心としたアメリカのＩＴ関連業に勤める人は、トランプ政権の共和党ではなく、大統領選挙で敗北したヒラリー・クリントン氏が属する民主党の支持者が多数を占めるからです。

　そうしたなか、２０１６年末にトランプ氏はシリコンバレーのＩＴ関係者たちと会談したようです。そこで自動運転が議論されたかどうかは、本書執筆時点では不明です。

「アメリカにとって何が有益か？」という現実路線で考えれば、トランプ政権はオバマ政権が推進してきた自動運転推進の政策を維持すると思います。なかでも、全米各地から応募が殺到した、自動運転の大規模な実証実験を行う「スマートシティ」が軸足となるでしょう。

　２０１７年からオハイオ州コロンバスでの実験が始まります。トランプ政権が「スマートシティ」構想をさらにグレードアップさせ、全米各地で「スマートシティ」の実現を目指すことも十分に考えられます。

自動運転の本格普及を目指す日本としても、トランプ政権の行方をしっかりと見守ることが必要です。

自動運転は本当に必要か?

ここまで、自動運転の現実について、さまざまな角度から紹介してきました。自動運転を実現するため、さまざまな最新技術があること。それらを使って、世界各地の公道で本格的な実験が始まっていること。そして、自動運転を実現するために、乗り越えなければならない課題が、まだ数多くあることもお知らせしました。

そのうえで、改めて皆さんに考えていただきたいのです。

自動運転は本当に必要か、ということを。

繰り返しますが、自動車メーカーや国、そしてベンチャー企業は「自動運転が世の中に必要だ」と言います。その理由として、①自動車事故をゼロにしたい、②環境対策として地球をきれいにしたい、③渋滞をなくして経済を良くしたい、という3点を強調します。

ただし、自動運転の現場を数多く巡っている私は、この3つの理由が「後付け」のように感じます。普及させたいと思う側に「自動運転が必要だ」という意思が強くあり、自動運転が普及すれば、これら3つの社会問題が解決できるはずだ、という順序立てです。

つまり、実際に自動運転を使う立場になる人々から、「ぜひ自動運転がほしい」という声が、まだ弱いように思えるのです。

自動運転が単なる夢物語だった時代には、誰もが自動運転についていろいろなことを口にすることができたでしょう。自動車がこの世に生まれた19世紀後半より、さらにずっと前から、世界中の人々が、行きたいところへ自由自在に連れていってくれる夢の乗り物に憧れました。例えば、「空飛ぶじゅうたん」がそれにあたるでしょう。

しかし、科学技術が急速に発展を遂げている、21世紀前半から中盤に向かおうとしている今、「空飛ぶじゅうたん」というと「人が乗れる大型ドローン」という具体的なイメージを、人々が口にするようになりました。

自動飛行と陸上を移動する自動運転とが、目的が違う別の種類の乗り物であることを、人々が理解できるようになりました。人々は日常的に、テレビ、書籍、ネットなどから情報過多と思えるほどの情報を得ているので、自動運転についても、それぞれの人が、それぞれの具体的なイメージを持っているのだと思います。

自動運転の必要性を、使う側が真剣に考えるべき

そうした考えと並行して、人々には「そのうち、誰かがやってくれる」という意識があるように思えます。なぜならば、自動車という乗り物はこれまで、人々から

の要求を受けて製品化するというプロセスになっていなかったからです。自動車メーカーは、より速く、より快適に、より経済的に、さらにより環境にやさしく、といった視点で新車の開発を続けてきました。その結果として、エンジンの大きさ、ボディの形や大きさ、内装の種類などによって、さまざまな車種が登場しています。

近年では、自動車メーカーが実際に自動車を購入する人々を、それぞれの車種に見合った「ターゲットユーザー」と呼ぶようになりました。その人たちの意見を取り入れた車造りをするようになっていますが、これはあくまでも自動車メーカーが最初に考えた企画に対して、人々の考えを汲み取るという立場に変わりはありません。

こうした自動車産業界、そして人々の日常生活における意識から考えると、自動運転について、こんな仮説が思い浮かびます。「そのうち、自動運転が当たり前の世の中になっているはずだ」。人々は勝手に、そう思い込んでいるのではないでしょうか。

自動運転は、これまでの自動車とはまったく違う「移動に関する考え方」です。自動車に対するこれまでの考え方は通用しません。

自動運転の実用化の前夜となったいまこそ、人々に考えてもらいたいのです。自動運転が、「いつ」「どこで」「誰が」「何を」「なぜ」「どのように」必要とするのか、ということを。

自動運転が社会にとって役立つためには、自動運転を使う人々が、自らの意見をしっかり持つことが大切なのです。

自動運転の未来は、皆さん自身が作り上げてゆくべきです。

エピローグ

10年くらい前まで、私はアメリカで1日2000キロ走ることがよくありました。テキサス州ダラスの自宅から、西海岸のロサンゼルスまで約3500キロを、途中仮眠しながら1日半で走り切っていました。

愛車は、アメリカ製の大型ピックアップトラックです。その際、速度を一定に保つクルーズコントロールをオンにして、テキサスを西へ向かい、アリゾナを通って、カリフォルニア州へ抜けていきました。

もちろん、飛行機で移動することも多かったのですが、移動の途中に空港から離れた場所で取材があることも多かったため、陸路移動を選択することがしばしばありました。

最近では歳のせいか、こうした強行軍での移動をしなくなりました。それでも、車で半日程度の移動をすることは日常茶飯事です。

つい先日の２０１７年１月上旬も、ラスベガスで開催されたＩＴと家電の国際見本市（ＣＥＳ）を取材するため、ロサンゼルスから片道５時間半、ひとりで運転しました。

車は、日系自動車メーカーの大型セダン。もちろん、先進運転支援システムを搭載しています。前の車を追従しながらのクルーズコントロール。走行中にセンターラインからはみ出しそうになると、自動でステアリングを補正してくれます。

ＣＥＳでは、さまざまな自動運転の出展がありました。数十年前からＣＥＳを取材している私としては、こうしてＣＥＳの一部がまるでモーターショーのように様変わりしてしまったことを本当に驚いています。

そして、自動車産業が歴史的な転換期を迎えていることを肌身で感じます。

ＣＥＳからロサンゼルスへの帰り道。正直なところ、何度も睡魔が襲ってきました。その度に「いま、この瞬間に、完全自動運転がほしい！」と車内で声を上げました。それでも身体が辛い時は、ガソリンスタンドで給油し、ジュースを飲んで車内で仮眠を取りました。

そのすぐ後に、ロサンゼルスからデトロイトへ飛び、北米国際自動車ショーを取材。こちらでも、グーグルの親会社アルファベットから分社したウェイモなど、自動運転の存在感が目立ちました。

こうした年始から続く移動中、ホテルの部屋で本書を執筆しました。変わり行く時代を感じながら、「自動運転は社会にとって本当に必要か？」を自問自答しながら、書き進めていきました。

自動運転は、単なる新しい技術ではありません。人と車、社会と車、そして人と社会とのつながり方における「時代の変革者」なのだと、強く感じています。

今回、執筆の機会を与えていただきました、マイナビ出版の田島孝二様。ありがとうございました。そして、執筆中に私を心の奥底から応援し、そして支えてくれた、私にとってかけがえのない「みんな」。本当にありがとう。

本書が、自動運転の未来に向けて、なんらかの手助けになれば、幸いです。

桃田　健史

●参考文献

国土交通省、経済産業省、総務省、警察庁、内閣府などの政府機関が発行する各種白書や報道発表資料。米国の運輸省、国防総省、エネルギー省、環境庁、各州の道路交通局などの報道発表資料。この他の国の行政機関の報道発表資料。自動車メーカー、自動車部品メーカー、電気機器メーカー、ＩＴ企業などの報道発表資料。また、各種の学会やシンポジウムなどで企業や行政機関、または大学などの研究機関が発表した資料。筆者が取材した際、取材先から記事化の際に使用を許可された各種資料。

●著者プロフィール
桃田健史（ももた・けんじ）
ジャーナリスト。１９６２年生まれ。欧米、中国、東南アジア、中近東などを定常的に巡り、自動車、ＩＴ、エネルギーなどの分野を取材。ダイヤモンド、日経ＢＰなどの経済メディアや自動車関連メディアで多くの連載を持つ。レーシングドライバーの経歴から、日本テレビなどで自動車レース番組の解説も行う。著書に、『アップル、グーグルが自動車産業を乗っとる日』（洋泉社）、『ＩｏＴで激変するクルマの未来』（同）、『エコカー世界大戦争の勝者は誰だ？』（ダイヤモンド社）、『未来型乗り物「超小型モビリティ」で街が変わる』（交通新聞社）など。

マイナビ新書

自動運転でGO!
クルマの新時代がやってくる

2017年2月28日　初版第1刷発行

著　者　桃田健史
発行者　滝口直樹
発行所　株式会社マイナビ出版
〒101-0003　東京都千代田区一ツ橋２−６−３　一ツ橋ビル 2F
TEL 0480-38-6872（注文専用ダイヤル）
TEL 03-3556-2731（販売部）
TEL 03-3556-2733（編集部）
E-Mail pc-books@mynavi.jp（質問用）
URL http://book.mynavi.jp/

装幀　アピア・ツウ
印刷・製本　図書印刷株式会社

　ISBN978-4-8399-6257-9
Printed in Japan

科学的トレーニングで英語力は伸ばせる！
田浦秀幸
英語習得に必要なのは、正しい学習法です。第二言語習得研究でわかった、科学的な英語学習で効率的、効果的に学ぶ方法を言語教育情報研究の第一人者が解説します。

議員の品格
岸井成格
政治記者という立場から、「品格」を失った国会議員を大量に生み出す選挙制度の問題点に切り込み、はじめて選挙を向かえる若い人や候補者選びに悩む人のガイドとなります。

モーツァルトのいる休日
石田衣良
クラシックをもっと身近に感じるために。モーツァルト生誕260周年、作家・石田衣良氏がモーツァルトの魅力、ご自身の作品や人生に与えた影響などを語ります。

捜査一課のメモ術
久保正行
捜査一課でのメモの取り方、資料の使い方、整理の仕方などを、元・警視庁捜査第一課長が、自身の経験をもとに現場で培われたノウハウを解説します。

東京の大問題！
佐々木信夫
東京オリンピック、築地市場移転、東京都知事選、都議会など、東京都の行政にかかわる話題に事欠きません。都庁、都議会、都知事も含め、「東京」について解説します。